知っておきたい

日本の農業・食料

— 過去・現在・未来そして農業の基本方向の転換を —

小倉 正行 著
Masayuki Ogura

学習の友社

はじめに

農林水産省は、1999年に農業基本法を改正して成立させた食料・農業・農村基本法の「改正案」を24年ぶりに2024年の通常国会に提出するとしています。

食料・農業・農村基本法は、1993年のWTO協定受け入れで、すべて農産物の関税化と輸入自由化をするという日本農業と農村の激変させたことを前提としたものでした。実際、カロリーベース食料自給率は、1995年の43％から2005年までには40％まで下落し、それ以降ほぼ横ばいで推移し現在は38％まで下落しています。さらに、農地の大幅減少と耕作放棄地の急増、農業従事者の大幅減少と高齢化の進行と中山間地の過疎化の一層の進行と日本農業と農村の衰退が続いています。

これに対して、農林水産省が、今回、農業の憲法とも言える食料・農業・農村基本法の「改正」で立て直そうとしていますが、その方向性は、食料自給率を引き上げるのではなく、むしろ食料自給率問題を捨象して、基本食料の輸入依存体制を温存したまま、現状を糊塗するものとも言えるものです。

本書は、農業基本法の選択的拡大政策導入によって、日本の小麦と大豆生産が壊滅的打撃を受けた経緯やその背景にあった米国政府の余剰農産物処理政策の動向やその後の農産物輸入自由化の経緯を明らかにするとともに、日本農業の農地や農業従事者の現状の問題点と農産物生産の現状について米から飼料生産まで最新のデータに基づいて明らかにしました。

さらに、今後の日本農業のあり方について、食料・農業・農村基本法「改正」問題も含めて、具体的な提案にチャレンジしました。

さらに、本書の特徴は、これまで十分な分析がなされていなかった、自給的農家の問題や輸入飼料のアフラトキシン汚染問題や食料自給率引き上げの先進国の取り組みの教訓や地球温暖化と異常気象問題での今後の動向などについて分析を展開したことです。

多くの皆さんに、本書が読まれることを願って前書きとします。

【目次】

はじめに　1

第1章　日本農業と食料の過去――日本農業と食料はどのように変えられたのか…………6

1　1961年農業基本法によって変貌させられた日本農業と食料。その背景と原因は米国政府　6
2　農産物輸入自由化の実態とその経緯と背景　10
3　1980年代の農産物輸入自由化――農産物12品目と牛肉・オレンジの自由化　12
4　90年代農産物輸入自由化――WTOでのコメの輸入自由化　14
5　2000年代の農産物輸入自由化戦略――WTOからFTA・EPA戦略へ　16
6　TPP協定から日米自由貿易協定まで広がる農産物輸入自由化　20
7　日米貿易協定　24

第2章　日本農業の現在――日本農業は今どのようになっているのか…………27

1　日本の農地の状況　27
2　農地、特に水田の国土保全機能について　30
3　農業従事者の状況　32
4　多様な農業担い手を――自給的農家の多面的役割と農業面での役割　35
5　中山間地での自給的農家の役割　36
6　都市農地における自給的農家の役割　39

7　多様な担い手として広がる半農半X　41
8　危機的な食料安全保障の下で再評価し活用されるべき多様な担い手　42
9　国連「家族農業の10年」と日本の家族農業　43

第3章　日本の農産物の生産状況はどうなっているか………47

1　米　47
2　米政策の変遷で米が市場原理にさらされた　51
3　小麦　54
4　大豆　56
5　野菜　59
6　果樹　63
7　酪農　65
8　肉用牛　68
9　養豚　69
10　採卵鶏・ブロイラー　70
11　飼料生産　73
12　自然界最大の発ガン物質アフラトキシンに汚染されている輸入飼料　74

第4章　これから日本農業はどうなるのか、どうしたらいいのか…………80

1　先進国最低の日本の食料自給率がどのように日本国民生存への脅威となるか　80

2　日本農業と食料への脅威となる地球温暖化による異常気象の進展　84
3　先進国はどのように食料自給率を上げてきたのか、その教訓は　93
4　国民の期待に応えられるのか——食料・農業・農村基本法「改正」　95
5　直接支払いの本格的導入こそが日本農業を安定発展させる　97
6　私たちはこれからどう日本の農業と食料を確保するのか　101

巻末資料①　食料・農業・農林基本法　106
巻末資料②　戦後農政の大きな流れ　108
あとがき　110

第1章
日本農業と食料の過去
——日本農業と食料はどのように変えられたのか

1　1961年農業基本法によって変貌させられた日本農業と食料。その背景と原因は米国政府

●農業基本法が打ち出した「選択的拡大」でも日本農業が変貌

第二次大戦後の日本は、絶対的食糧不足の状態にありました。そのため、食糧増産が最優先課題でした。1952年度の国家予算には食糧増産対策費が新設され、1954年度には国民食糧の自給と輸入食糧の削減をうたった食糧増産計画がたてられました。その結果、1955年にそれまで900万トンで推移してきた米の生産水準は一挙に300万トン以上も上積みする1230万トンを記録し、食糧不足を克服しました。また、戦後の農地解放は、戦前までの大地主制度を改め、自作農を中心とする農村社会を創出促進するために行われました。1946年10月21日、自作農創設特別措置法が公布され、自作農創設特別措置法と農地調整法改正法とに基づいて、不在地主の小作地すべてと、在村地主の所有する小作地のうち1ha（ヘクタール。1ha＝10,000㎡）を超える分は、国が強制買収し、実際に耕作をしている小作人に優先的に低価格で売り渡すこととなりました。その農地面積は162万haにも及びました。これにより、自作農主義が日本農業の基本となったのです。

このようななかで、高度経済成長の過程で顕在化した農業と他産業との

間の生産性および所得ないし生活水準の格差を縮小させることを目標に、新しい農業・農政の方向づけを行うことを目的に1961年に農業基本法が制定されました。

しかし、この農業基本法は、それ以降の日本農業を大きく変えました。その政策の基本は、「選択的拡大」というもので、農業基本法第2条で「需要が増加する農産物の生産の増進、需要が減少する農産物の生産の転換、外国産農産物と競争関係にある農産物の生産の合理化等農業生産の選択的拡大」とされ、麦や大豆、飼料作物の生産から今後需要が増大するとされる畜産、酪農、果樹などへ生産体制を大きく転換させるものでした。

●背景に当時の米国政府の農業政策が

選択拡大政策の背景には米国政府の動向がありました。当時の米国は、第二次世界大戦で自国が戦場とならず、農業の生産力が戦前から保持され、さらに、価格支持政策によって農業生産が増大し、大戦以降の小麦や大豆、さらにトウモロコシなどの生産過剰と過剰在庫に悩みました。米国の小麦の在庫量は、1952年の700万トンから60年には、3520万トンと5倍以上になりました。

そのため、米国政府は、1954年に食糧援助法を成立させ、食糧援助の名目で、政府計画で食糧輸出を促進させました。そして、米国政府は余剰農産物を当時の同盟国の日本に売却することを進めました。1950年代半に日本はアメリカ余剰農産物の受入協定を3回締結し、これを受けて、米国産小麦が大量に日本に流入しました。米国産小麦の日本における消費を進める目的のために、当時の日本の食生活を米中心から小麦中心に変えるために、パン食が学校給食に導入されました。当時の文部省は、「『学校給食によって幼少の時代において教育的に配慮された合理的な食事になれさせることが国民食生活の改善上最も肝要である』とのべて、小中学校時代に味覚を変えることの重要性を強調し、同法の規則で『完全給食とはパンとミルクをいう』として米飯給食を除外しました」(1999年参院農水委中央公聴会での農民連小林節夫代表常任委員の公述より)。

また、国内には米国農務省の予算でキッチンカーが走り回り、パン食の普及を進め、1960年までに約200万人に料理講習をし、日本の食生活を変えさせてきました。このキッチンカーの全国展開は、1954年に来日したオレゴン小麦栽培者連盟の代表者リチャード・バウム氏と当時の厚生省との話し合いで決まり、学校給食でのパン食導入にも米国産小麦を無償で提供することになりました。

1967年に米国農務省東京駐在員は、「キッチンカーは学校給食と並ぶPL480の規定下で行われた最も有効な小麦推奨事業だった」と振り返っています。これらの米国政府の戦略を裏付けるように次の証言が紹介されています。「アメリカの小麦協会のリチャード・バウム氏の“米食民族の胃袋を変えるという作戦が成功した”という勝利宣言や、アメリカ政府関係筋の“余剰農産物処理や胃袋を変えるうえで、学校給食ほど安上がりで効果的なものはない”などという言明」(同上)があったのです。

●その結果、日本農業はどうなったか

選択的拡大の結果、小麦の作付面積は、1961年を境に急激に減少し、一方小麦の輸入はアメリカからの輸入を中心に急増し、その輸入量は、60年の266万トンから70年には462万トンと173%増加し、その結果、小麦の自給率は39%(60年)から9%(70年)に低下します(図1、図2)。また、大豆の生産量は急減し、大豆輸入は60年の108万トンから70年の324万トンに300%増加、大豆の自給率は28%(60年)から4%(70年)に急落し、大豆の安楽死と言われていました(図3)。

これらの小麦や大豆の生産減少は、当時、広く行われていた稲作の裏作としての小麦や大豆生産が、主体となっていました。裏作としての小麦や大豆生産は、二毛作といわれ、当時広く行われていましたが、この選択的拡大政策で裏作は衰退し、二毛作はほとんど行われなくなり、現在に至っています。また、飼料用トウモロコシの輸入量は1960~70年の間に約

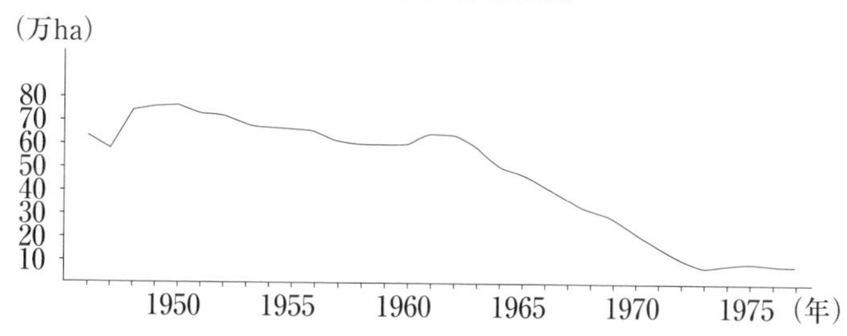

［出所］農林水産省統計部「作物統計」

図２　小麦の輸入量

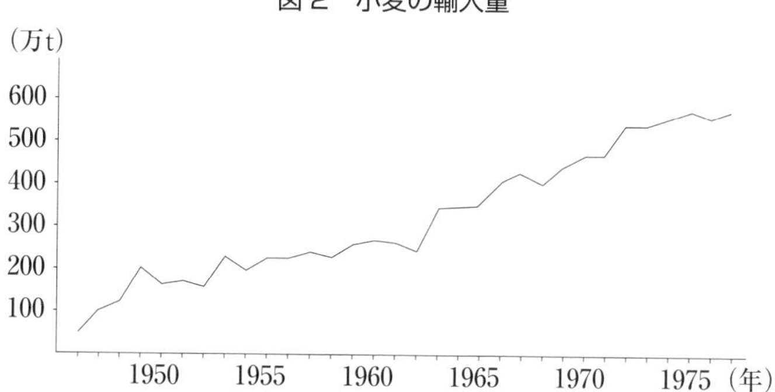

［出所］食糧庁「食糧管理統計年報」

図３　戦後日本における大豆作付面積の推移

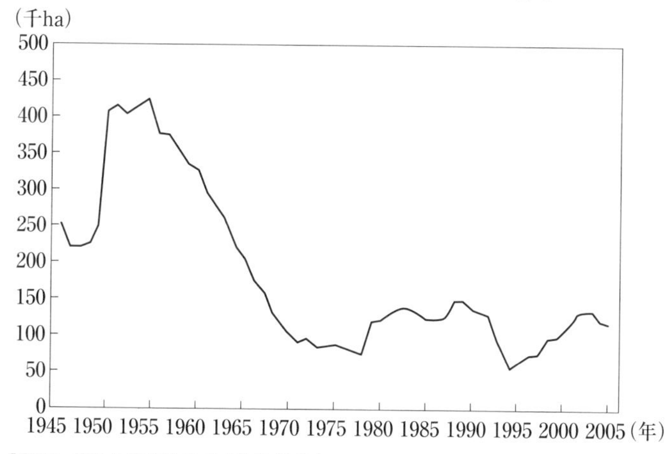

［出所］農林水産省統計部「作物統計」

図４　生乳生産量と１戸あたり経産牛飼養頭数の推移

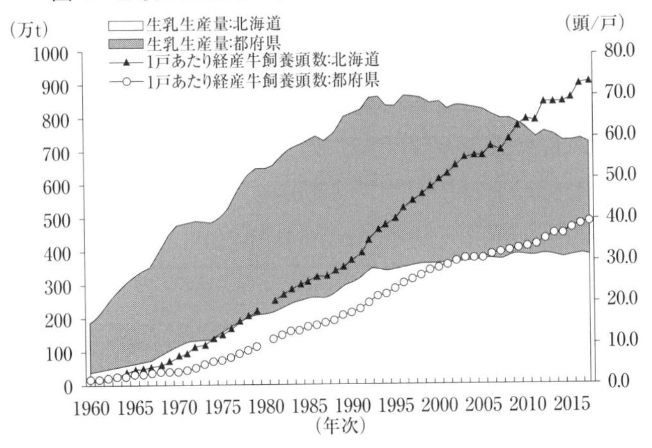

［出所］農林水産省「牛乳乳製品統計」、「畜産統計」より作成

130万トンから約432万トンへ増大し、そのなかでもアメリカからの輸入量は同期間に約17万トンから約274万トンへと著しく伸びました。このことにより、日本の飼料自給率は下落の一途をたどり、食料自給率低下の主因となりました。

他方、選択的拡大として拡大対象となった酪農は、1960年には、北海道でも酪農の飼養頭数が農家１戸あたり1.8頭にすぎなかったのですが、急速に飼養頭数を拡大し、生産を伸ばしました（図４）。果樹生産もみかん、りんごなどを中心に生産が拡大し産地が全国に広がりました。しかし、酪農畜産の飼料は、米国からの輸入飼料に依存し、飼料自給率は、下がる一方で、食料自給率も下落の一途でした。

2　農産物輸入自由化の実態とその経緯と背景

選択的拡大で生産を拡大してきた酪農・畜産・果樹産地を直撃したのが、牛肉・オレンジの自由化やWTO、TPPの輸入自由化でした。牛肉・オレンジの自由化で、みかん産地はその生産面積を縮小され、離農が相次ぎました。また、米国産牛肉の輸入自由化で畜産経営も打撃を受け、酪農も乳製品の輸入拡大の影響で、離農が進んでいます。戦後の日本農業にとって、農産物の輸入自由化は、選択的拡大に次ぐ第二のモンスターであり、これにより日本農業は衰退の道を歩まざるを得なくなったのです。そこで、このような事態に至った農産物輸入自由化の実態と経緯と背景を見ていきましょう。

●日米安保と貿易・為替自由化大綱

日本の農産物市場開放の歴史は、1960年の軍事同盟の性格をもつとともに「両国間の経済的協力を促進する」（第2条）ことを明記した日米安保条約の発効がその出発点となりました。

日米安保条約が発効した翌日には、「日米経済協力」を実施するための貿易・為替自由化計画大綱が発表され、61年9月には、貿易・為替自由化促進計画が明らかにされます。同大綱と計画によって、貿易の自由化と日本経済の開放体制の基盤が固められました。

貿易・為替自由化大綱では、「農林漁業の体質改善」が項目としてあげられ、そのなかで「長期的観点から国際的自由化の趨勢に即応しつつ、これに耐えうる農林漁業を育成」するとして、長期的な農産物の市場開放に対応する一方、それに生き残れる農林漁業の育成を明記しているのです。

さらに、農業基本法の骨格ともいえる「他部門との所得格差の是正」「生産基盤の強化などによる生産性の向上」「畜産、果樹部門の育成」などが明記されているのです。このことは、貿易・為替自由化大綱が、農林水産分野の長期的な市場開放を前提として、それに対応できる農業基本法の方向性を打ち出したものといえるでしょう。

●農業基本法制定後の農産物の輸入自由化

農業基本法制定後の農産物の輸入自由化は、貿易・為替自由化計画大綱と貿易・為替自由化促進計画に基づいて行われました。

大綱では、「大豆は規定方針に従い自由化する」ことを明記しました。また、自由化促進計画では、1962年10月における輸入自由化率を90％に引き上げるとともに、農産物の輸入自由化の計画を次のように明記していました。

「野菜ジュース（トマトジュースを除く）などを36年12月1日を目途に自由化し、アスパラガスの缶詰、トマトジュースなどの野菜加工品を37年10月1日までの間に自由化することを目途とする」「レモン、グレープフルーツなどは米国の日本みかんに対する輸入禁止措置の解除を条件とするほか、レモンについてはその品質向上のための措置を講じつつ自由化することとし、バナナ、パインナップル缶詰などは関税率を検討して37年10月1日までに自由化することを目途とする」（この文書の年号は「昭和」です）。

実際、大豆は61年に輸入自由化され、バナナは63年、レモンは64年に、グレープフルーツは71年にそれぞれ部分自由化されました。大豆は、選択的拡大とともに、この輸入自由化で安楽死したのです。

3　1980年代の農産物輸入自由化――農産物12品目と牛肉・オレンジの自由化

日本の農産物市場開放の第二段階は、88年の農産物12品目と牛肉・オレンジの自由化でした。

ここに至るまでの経緯を簡単に見ていきましょう。牛肉・オレンジの自由化に対しては、前記の貿易・為替自由化計画大綱においても「果汁及び大部分の生鮮柑橘類などは今後育成を要する果樹農業との関連からその自由化は困難」「畜産は今後育成を要する重要部門であるから、酪農製品、食肉及びその加工品については、自由化が困難」としていました。

しかし、米国政府は、牛肉・オレンジの自由化を日本政府に執拗に迫っていました。1973年から始まったガット（1947年に署名された「関税および貿易に関する一般協定」〔General Agreement on Tariffs and Trade〕のこと。日本は1955年に加盟。1995年にWTOに引き継がれた）の東京ラウンドの日米交渉で、米国政府は、牛肉・オレンジや果汁について最大の関心品目として自由化を要求し、78年に日本政府は輸入枠の拡大を受け入れます。84年には，3年にわたる日米農産物交渉の結果88年までの日米協定を締結し、牛肉・オレンジと果汁（オレンジ・グレープフルーツジュース）について、さらに輸入枠を大幅に拡大しました。

これに対して、米国政府は輸入枠の拡大では満足せず、輸入数量制限を撤廃させる牛肉・オレンジの輸入自由化を求め、ガットに提訴するなどの対日圧力をかけ続け88年6月のヤイター米国通商代表と佐藤農林水産大臣との交渉で、日本政府は全面譲歩し、牛肉・オレンジの自由化を受け入れたのです。

また、農産物12品目の自由化も翌月の7月に日米合意をしたのです。当時のヤイター通商代表が行った演説での「日本は風圧をかければいくらでも折れる」とのフレーズは、対米従属下の日本の農産物市場開放の実態を端的に示していると言えるでしょう。

●日本でコメ、小麦、牛肉生産は止めるべき――80年代日米財界戦略として「日米諮問委員会報告書」

1980年代の農産物市場開放の展開のなかで、特筆すべきことは84年9月に発表された日米諮問委員会報告書についてです。

これは、83年1月に、当時の中曽根首相とレーガン米大統領との合意で設置された日米諮問委員会によって策定されたものです。

そこには日米の財界関係者が参加し文案を策定しました。そして、まとめられた報告書のなかで、日本に対して「農産物貿易の自由化に向けての顕著かつ着実な前進が必要」と日本の農産物市場開放を強く求める一方、日本農業の構造調整として、「1ha程度の場合、集約的な野菜栽培、果樹栽培、養豚・養鶏、草花栽培に充てれば、ある程度の採算の取れる効率的な農業が営めよう。コメ、小麦、大麦、トウモロコシ、油糧種子の生産、牛の放牧などは……工業所得に匹敵する所得をあげるためには、遥かに広大な農地規模を必要とする。したがって、日本の農業政策は，農地規模の拡大を図るとともに小規模農地で効率的に生産しうる農産物への農業生産構造の転換を目指すべきである」と、日本農業は、野菜栽培、果樹栽培、養豚・養鶏、草花栽培に生産転換し、コメや小麦、牛肉生産は、止めるべきであるという驚くべき提案をしたのです。

これが日米財界の日本農業に対する本音であり、この4年後に牛肉・オレンジの自由化が強行されたのでした。

4　90年代農産物輸入自由化——WTOでのコメの輸入自由化

日本の農産物市場開放の第三段階は、WTO協定の受け入れとコメの輸入自由化です。この結末の始まりは、86年のガット・ウルグアイラウンド交渉からでした。

しかし、このガット・ウルグアイラウンド交渉の開始の準備を提唱したのは、1983年11月の中曽根・レーガンによる日米首脳会談です。その後、85年のボンサミットや86年の東京サミットなどで先進国間の合意を積み、86年9月からガット・ウルグアイランドが開始されたのです。

開始宣言では、「世界の農業市場における不確実性、不均衡、不安定性を削減するため、構造的過剰に関連するものを含め、貿易制限、貿易歪曲措置を是正・防止する」ことが打ち出されました。このガット・ウルグアイラウンドを一貫して主導したのは米国政府です。その背景には、カーギル（穀物メジャーの一つ）をはじめとする多国籍アグリビジネスの世界市場支配を進めるために、その障害となる輸入数量制限などの国境措置や農業保護措置を撤廃させるという強い動機がありました。

米国政府は、当初から国境措置について、輸入数量制限などすべての非関税措置を関税化し、関税及び関税相当量を75%以上削減するとともに、国内支持（国内補助金、税金の減免、政府公定価格の決定など）についても75%以上削減することを主張していました。

この米国政府が主張した輸入数量制限を撤廃し、関税に一本化するという関税化の方向性は最後まで維持され、91年にドンケル・ガット事務局長がまとめた「包括合意案」（ドンケル案）でも「例外なき関税化」が貫かれました。

ガット・ウルグアイラウンドは、米国とEU（当時はEC）の輸出補助金をめぐる抗争で紛糾をしていましたが、92年11月に、輸出補助の削減率を引き下げるとともに、米国の不足払い制度とEUの直接所得補償などを保護削減の対象外にすることで米国とEUで合意がなされ、決着の方向に大きく動きました。

そして、最終的に、93年12月に、①国内支持を20%削減、②すべての国境措置を関税に転換し、平均36%、最低でも15%関税率を引き下げる、③輸出補助金の財政支出を36%引き下げることなどをおもな内容とする包括合意案で決着し、その合意案は新たにガットに代わってWTO（世界貿易機関）を設立するWTO協定に盛り込まれました。

●日米財界の共通利益

日本は、「例外なき関税化」に反対をし、コメの輸入自由化についても食糧安全保障の立場から反対を主張していましたが、このウルグアイラウンドという土俵を作ることを米国政府とともに主導し、「世界の農業市場における不確実性、不均衡、不安定性を削減するため、構造的過剰に関連するものを含め、貿易制限、貿易歪曲措置を是正・防止する」（開始宣言）にも同意している以上、ウルグアイラウンドを壊す選択は決してとりませんでした。

また、合意案の受け入れは、日米諮問委員会報告でも明らかにされた「市場の一層の開放を優先課題とし、より自由な世界貿易体制を維持するために主導的役割を果たすことは、日本の国家的利益にかなうものである」という日米財界の共通利益にもかなうものでした。

このWTO協定の受け入れで、これまで輸入数量制限をしてきた小麦、大麦、脱脂粉乳、バター、でんぷん、雑豆、落下施、こんにゃく芋、繭・生糸はすべて関税化され、関税相当量も基準年より最低でも15%引き下げられました。

また、88年に輸入自由化された牛肉・オレンジや12品目については、それぞれ関税率を15%から44%引き下げられました。

コメは、関税化を猶予されましたが、95年で消費量の4%（精米ベースで37万9000トン）、2000年で消費量の8%（精米ベースで75万8000トン）のミニマムアクセス米の輸入を受け入れることになりました。

しかし、日本政府は1999年に、このコメ関税化猶予措置を、ミニマムアクセス米の増大を抑え、次期農業交渉においても有利な立場を得ることが可能などの理由で、関税化することを決め、コメ関税化のために「主要食糧の需給及び価格の安定に関する法律等の一部改正」を成立させました。これですべての農業品目が関税化されたことになります。

5　2000年代の農産物輸入自由化戦略――WTOからFTA・EPA戦略へ

WTO次期交渉は、2001年11月の第4回WTO閣僚会議（ドーハ）で、新たな国際貿易ルールを構築するためのドーハラウンドが立ち上げられました。しかし、この交渉は、ウルグアイラウンドとは様相が異なっていました。

それは、ウルグアイラウンド農業合意で、米国、アルゼンチン、オーストラリアなどの農産物輸出国の農産物輸出が大幅に増加する一方、ほとんどの発展途上国は、利益を得ることができなかったため、農業交渉における発展途上国の発言力と結束が強まったからです。

2003年9月の第5回WTO閣僚会議（カンクン）では議長声明も出せず、05年12月の第6回WTO閣僚会議（香港）では議論を集約できず、06年12月末までに最終合意との日程を確認したにとどまったのですが、その日程合意もすでに反古にされているのです。

このようなWTO交渉の混迷のなかで、新たな市場開放戦略として浮上したのが、FTA（自由貿易協定）とEPA（経済連携協定）でした。

2004年3月、経団連は「経済連携の強化に向けた緊急提言」を発表しました。このなかで経団連は「我が国にとって重要な国・地域との間では、WTOを根幹としながら、より高度な自由化や幅広いルールづくりを目指し、地域的な自由貿易協定（FTA）、経済連携協定（EPA）にも積極的に取り組み、自由な経済活動を行いうる基盤づくりを重層的に進める」とFTAやEPAを推進することを提言し、このような財界の提言に沿って日本のFTA・EPA戦略は進行しています。

日本は、02年のシンガポールとのEPAを皮切りに、05年にはメキシコとのEPA、06年にはマレーシアとフィリピン、07年にはタイとチリ、08年にはブルネイとインドネシアそしてASEAN諸国、09年にはスイスとベトナムとのEPAをそれぞれ発効させています。そして、現在、韓国、インド、オーストラリア、ペルーなどとのEPAについて交渉を行っています。このなかで、統計的に影響が評価できる05年のメキシコとのEPAについて見てみましょう。

●メキシコとのEPA

メキシコとのEPA締結の動機は、日本の自動車産業にありました。

メキシコは、米国とはNAFTA（北米自由協定）を締結し、EUとはFTAを締結していたため、米国やEUの自動車メーカーは、メキシコに対して関税ゼロで自動車を輸出していました。そのため、日本の自動車産業は、メキシコでの競争力を失い、なんとしてもメキシコとのEPAの成立を求めていました。そして成立したのが05年発効のメキシコとのEPA

でした。このことにより、排気量2リットル以下の小型車のメキシコへの輸出は、発効前に比べて3.2倍にも増えました。まさに自動車業界の願いが実現したわけです。

しかし、メキシコからの農産物の日本への輸入も急増しました。05年の冷凍オレンジジュースの輸入は前年の88%増になり、冷凍牛肉や生鮮チルド牛肉は、それぞれ前年の2倍の輸入量になりました。

ここにFTAやEPAの問題点が事実として明らかになっています。

このようななかで、進められたのが日豪EPAとTPPです。また、TPPの前段では、日米FTAに焦点が当てられました。

●日豪EPA

日豪EPAは、2006年12月から始まった世界有数の農産物輸出国オーストラリアとのEPA交渉です。

当時から、このオーストラリアとのEPA交渉に入るべきではないとの強い反対運動が起こっていました。農林水産省も豪州産農産物の関税が撤廃された場合の影響について試算し、日本の小麦生産は、99%減少の壊滅、砂糖生産は100%減少の壊滅、乳製品は44%減少の約半減、牛肉生産は56%減少、そして影響額は7900億円に上ることを明らかにしました。

また、北海道庁も日豪EPAによって、北海道の農家2万1000戸も離農に追い込まれ、農業生産の減少、関連製造業への影響、地域経済への影響で1兆3716億円にも及ぶ被害が生ずることを明らかにし、交渉に入ることに反対を表明しました。

にもかかわらず当時の自公政権（安倍晋三首相）は、EPA交渉に入ることを決め、すでに9回の交渉会合が開催され、民主党政権下でも交渉が継続され、2014年7月に協定締結となり、2015年1月に発効しました。

●日米FTA

日米FTAは、2009年7月27日に、総選挙に向けて発表された民主党のマニュフェスト（政権公約）に「米国との間で自由貿易協定（FTA）を締結し、貿易・投資の自由化を進める」と明記されたことで問題化しました。

これに対して、日米FTAが締結されたら日本農業は壊滅するとJA全中、全農など農林水産関連９団体が緊急に抗議集会を開くなど全国的に抗議の声が広がり、これに慌てた民主党は、「締結」を「交渉を促進する」に公約修正をし、事態の収拾を図ったのです。

当時、日米FTAが締結された場合の日本農業に与える影響は壊滅的であるとして農業関係者に衝撃を与え、反対運動が広がりました。

日米経済協議会の委託研究「日米EPA効果と課題」(08年７月）でも「関税率が比較的大きく保護された産業において、FTAによる自由化に伴う生産縮小が観察されます。日本においてはコメ、穀類（Grain)、肉類（Meat）で生産縮小が顕著である」ことを明らかにしています。そして、その生産減少量について、コメで82.14％、穀物で48.03％、肉類で15.44％と推定しています。

コメの生産量が82％減少するということは、日本の基幹的農産物であるコメ生産が壊滅すると言っていい数字です。それは、日本のほとんどの水田が耕作放棄地になり、日本の農村集落が瓦解することになることを意味します。

また、それは農業に対する影響にとどまらず、農業に依存している地域経済にも大打撃を与えることになり、農村地域の地方自治体の財政破綻をさえ引き起こすことになるでしょう。

その影響度は、日豪FTAを大きく上回るものであり、食料自給率は、完全自由化すれば、農林水産省の試算で40％から12％まで下がると想定されています。

6　TPP 協定から日米自由貿易協定まで広がる農産物輸入自由化

環太平洋パートナーシップ（TPP）協定とは、オーストラリア、ブルネイ、カナダ、チリ、日本、マレーシア、メキシコ、ニュージーランド、ペルー、シンガポール、米国およびベトナムの合計12か国で交渉が進められてきた経済連携協定です。2015年10月のアトランタ閣僚会合において、大筋合意に至り、2016年2月、ニュージーランドで署名されました。日本は2017年1月に国内手続の完了を寄託国であるニュージーランドに通報し、TPP協定を締結しました。

その後、2017年1月に当時のトランプ大統領の指示で米国が離脱を表明したことを受けて、米国以外の11か国の間で協定の発効を目指して協議を行いました。2017年11月のダナンでの閣僚会合で11か国によるTPPにつき大筋合意に至り、2018年3月、チリで「環太平洋パートナーシップに関する包括的及び先進的な協定（CPTPP）」が署名されました。

このTPP問題について、私は、2018年にとちぎ地域自治研究所で記念講演をしました。問題の本質を理解するために重要なので紹介しましょう。

今回のTPP11、正式にいうと「包括的及び前進的な環太平洋パートナーシップ協定」、略称でCPTTPといいます。これが今国会で審議されています。衆議院は通過しまして今参議院段階で審議されています。会期末が6月20日ということでこのままでは廃案かなと思っていたんですが、会期延長ということで執念深いなと思っています（※6月29日参議院も通過）。

このTPP11についていうと、元々TPPがありまして、そこからアメリカが離脱してアメリカを抜いた部分でTPPをつくりましょうということで話が進んだのがTPP11です。これは6か国が批准をすると成立するという形になっているものですから、日本としては何としても批准しないと体面が保てないということで、釈迦力になってほとんど審議なしで衆議院の方は通過されてしまったというとんでもない状態に今なっています。

この TPP11 の条文は一体どういうものなのかというと、わずか７条で構成されています。第１条が TPP 協定の組込み、要するに TPP 協定を引き継ぎますよという条文です。第２条は、特定の規定の適用の停止 、第３条が効力発生、第４条が 脱退、第５条が加入、この加入というのは癖ものですが、第６条が本協定の見直し、これも問題があります。第７条は正文です。

この TPP11 の合意協定が条文としてまとまる過程というのは非常に大変な問題が含まれているわけです。TPP11 の審議がなされたのはアメリカが脱退してから去年の２月以降ですが、TPP 自身は元々アメリカが関与することが前提としての協定なんです。例えば乳製品とか牛肉なんかの輸入割り当ての数値というのはアメリカが入っていることを前提としてのものなんです。これがアメリカが抜けてしまったものだから、日本としては当然その割当数量を当然減らすべきなんです。そのまま残したままでいくと、仮にアメリカが後で入るよと、あるいは日米 FTA にしようということになると、アメリカが抜けた分の割り当てがそのまま TPP11 に残って、それを他の国が使ってしまう可能性があるわけです。それにプラスして日米 FTA という形になると、これはもう日本の農家は踏んだり蹴ったりということになるわけです。だから日本がこの TPP11 の協定の審議をする過程のなかでその割当数量を修正する、あるいはセーフガード規定の見直しをするということをすべきだったんです。当然これは農林水産省の関係者もすべきだということをずっと主張していました。しかし日本はそれをしなかったんです。それを残したまま TPP11 を妥結してしまったんです。ですからこのことについて、日本の農家は本当に大変な苦難に今直面しようとしているわけです。

●協定見直し規定（第6条）

このなかで安倍内閣は一体どういうことを主張しているかというと、輸入枠とかセーフガード規定の見直しについては、TPP11発効後やりましょうということを言っています。これが協定の第6条の本協定の見直し規定です。規定はあるのですが、その規定のやり方、どうしたら協定の見直しができるのかという手順はまったく定められていないのです。だから仮にTPP11が発効して、その後にアメリカとの日米FTAになると、輸入割当数量はこの協定見直し規定でやらない限りそのまま生き残るわけです。手順が決まっていないなかで果して日本がいうとおりに協定の見直しができるかどうか、これが今はなはだ疑問の状態になっているわけです。また逆にいうと、協定の見直し規定を入れたということは日米FTAがあり得るということを前提としているというふうにも考えられます。ですからこのTPP11というのは非常にその点が曖昧模糊としたまま今批准されようとしています。

●協定加入規定（第5条）

もう一つの大きな問題は、TPP11協定のなかの第5条、加入規定を設けていることです。TPP自身は加入規定はなかったんですが、TPP11では加入規定が設けられました。要するに入りたいという国があれば入れてあげるという規定です。すでにタイあるいは台湾、フィリピンなどが参加を検討しているという状態になっています。これについては、先程野菜の問題について述べましたけれども、大きな問題になりうるんです。TPP11自身は野菜の関税率はゼロになりますので、例えば台湾で見ますと、現状でも野菜の輸出額の67%が日本向けです。おもな輸出野菜は枝豆とかショウガ、レタス、竹の子なんかもそうです。

また、タイは一番熱心に日本に加入の申し入れをしていますが、日本とタイはすでにFTAを結んでいます。FTAがあるにもかかわらずTPP11に入りたいというのは、日本とタイとのFTAよりも関税率が低いんです。例えば日本とタイのFTAでは、対日輸出主力品目の鳥肉と鳥肉調製品は、鶏肉が5年目に関税率8.5%、鶏肉調製品が5年目に3%としていますが関税撤廃の規定はありません。ところが、TPP11では11年目に関税撤廃になるわけです。そうするとタイがTPP11に入るとすると、日本に対する鳥肉と鳥肉調製品の輸出がさらに増える、価格も安くなるということで、日本の養鶏関係の方がたにとっては大変深刻な中身になりうるわけです。その辺についてはあまり日本国内でもその危機感というのは伝わっていないんですが、これは非常に重要な問題だと思います。仮にタイがTPP11に入ったとして、日本国内で批准作業があるかというと、それはおそらくないんだろうと思います。自動的に入ってしまうということになると思います。TPP11に入ってしまえばどんどんどんどん加入する国が増えてくるということになるわけです。

フィリピンも日比FTAを結んでいるんですが、フィリピンの関心費目であるバナナは今最終関税が8%から18%になっているわけですが、これもTPP11では11年目に関税撤廃ですから、これもフィリピンのバナナが今でも入っていますが、さらに安い価格で市場に出回るということになるわけで、この加入規定というのは大変な問題を含んでいると思います。

● TPP11の経済効果と農林水産物の生産額への影響試算

ではこのTPP11について、いわゆる経済効果は一体どうなるのかということについても見ていきたいと思います。

経済効果について政府側は「実質GDP水準は、TPP11がない場合に比べて約1.49%の増加となる。2016年度の実質GDP水準で換算すると、約7.8兆円の押し上げになる」といっています。果たしてしてそうなのかということです。この政府側の試算に対してこれは去年の8月頃に発表されたのですが、帝国データバンクが全国の企業2万3927社を対象として「TPP11に関する企業の意識調査」(2017年7月14日)というのをやりました。それによると、TPP11が自社の業界に必要性があると答えた企業はわずか22.5%、約4分の1でした。必要性がないと答えた企業が32.6%ということで、3分の1にもおよんでいました。ということで、この経済効果が果たしてこれだけ出るのかどうかというのははなはだ疑問です。

農産物への影響は、これまで最大で17%かかっていたブドウや、3%のニンニクなどは関税が即時撤廃され、またリンゴや鶏肉なども、6年から11年をかけて関税がゼロになります。コメや麦などの重要品目は、一定量を輸入する代わりに関税を維持しましたが、関税ゼロの品目はおよそ2100と、農産物の82%に上ります。農林水産物の生産額への影響試算について、政府側の答弁では「関税削減等の影響で価格低下による生産額の減少が生じるものの、体質強化対策により引き続き生産や農家所得が確保され、国内生産が維持されるものと見込む」といっています。誰もこんなことは信じないのですが、先程輸入依存度のところで見てきたように牛肉・オレンジの自由化で惨たんたる状態になったわけです。あのときも政府は6兆100億円の対策予算を組んだのですが、ものの見事に生産地は壊滅の方向に向かっているわけです。いくら対策を組んでもこういうことが現実に起こっているわけですから、その実態からみると、TPP11によって日本農業に本当に深刻な影響が出るだろうということは、おそらく生産者の方々が一番よくご存知だろうと思います。

7　日米貿易協定

日米貿易協定は、日米2国間での関税や輸入割当などの制限的な措置を撤廃する貿易協定です。日本と米国を含む12か国は「環太平洋パートナーシップ協定（TPP）」にて、経済の自由化を目指し協定を結んでいましたが、先述の通りアメリカのトランプ大統領による2017年1月のTPP離脱表明により日米間の貿易協定は先送りになっていました。

そのため、日本政府は、米国との新たな貿易協定交渉を開始し、2019年末に国会で承認され、2020年1月1日に日米貿易協定が発効となりました。日本がもっとも重要視しているコメに関しては保護している一方で、乳製品や牛肉などに関しては日本に対してさらなる輸入自由化が迫られています。その合意内容は以下の通りです。

〈おもな合意内容〉

・コメの関税撤廃・削減は除外される
・脱脂粉乳、バターなどはTPPワイド枠（TPP参加国が利用可能な関税割当枠）が設定されている33品目について新たな米国枠は設けない
・関税の撤廃、削減をする品目はTPPと同じ内容
・牛肉についてはTPPと同様の関税削減、2020年のセーフガードの発動基準数量を昨年度の米国輸入実績より低く設定
・農林水産品についてTPPの範囲内に抑制。TPPの関税撤廃率約82%より大幅に低い約37%にとどめた
・牛肉の輸出について、現行の日本枠である200トンと複数国枠を合わせ複数国枠６万5005トンへのアクセスを確保
・醤油、長いも、切り花、柿など日本の輸出関心の高い品目に関しては関税撤廃・削減を獲得

日米貿易協定の影響についてみると、2020年１月１日の協定発効の時点で、米国からの牛肉の関税率は38.5%から26.6%に一気に削減され、同４月１日には「２年目」とされさらに25.8%に引き下げられます。農林水産省の試算によると、小麦で約34億円、かんきつ類で約19～39億円、牛肉では約237～474億円の生産額減少が予想されていて、全品目合わせると600～1100億円となるとされています。政府試算とは別に約15の自治体が独自の影響試算をしていますが、北海道では最大371億円、熊本県が最大77億円、宮崎県が最大53.9億円、青森県、秋田県、宮城県はそれぞれ約30億～40億円と、特に畜産が盛んな県への影響が大きくなっています。

最大のデメリットは、生産額の最も影響が大きいと思われる畜産業の競争の激化です。現在牛肉にかけられている関税の38.5%が段階的に引き下げられ、最終的には９％まで下がることが決まっているからです。

飼料価格の高騰で深刻な事態となっている日本酪農・畜産には壊滅的な事態を招く可能性が高いと言えるでしょう。

第2章
日本農業の現在
――日本農業は今どのようになっているのか

今、私たちの日本農業と食料はどうなっているかについて見てみましょう。私たちは、豊かな自然と国土に恵まれ、その国土で農業を営んできました。しかし、今や1965年に73%あった食料自給率は2020年には38%まで下がり、輸入が途絶した場合、国民が必要とするカロリーの38%しか摂取できないことになります（表1）。飢餓が現実となります。

1　日本の農地の状況

では、日本の米や農産物を生産する基礎となる日本の農地はどのような状態になっているでしょうか。農地面積も1961年には609万haありましたが、その後減少を続け、2021年には434.9万haへと実に約174万haも減少しました。その減少面積は、東京都の総面積の7.9倍にも及びます。日本の農産物生産基盤である農地面積は、1961年の71%の水準まで下がっているのです（図1）。

耕作放棄地（「以前耕作していた土地で過去1年以上作物を作付けせず、この数年の間に再び作付けする意思のない土地」）の面積は、全国で42万3000ha（2015年）にも及び、一貫して増加しています（図2）。その面積は、東京都と大阪府を合わせた総面積を超えるものです。この耕作放棄地は、そのまま放置されると荒廃農地になります。耕作放棄地が急速に増え

表1　食料自給率の推移

（単位：%）

		1965年度	1975年度	1985年度	1995年度	2005年度	2013年度	2014年度	2015年度	2016年度	2017年度	2018年度	2019年度	2020年度	2021年度	2022年度(概算)
品目別自給率	米	95	110	107	104	95	96	97	98	97	96	97	97	97	98	99
	小麦	28	4	14	7	14	12	13	15	12	14	12	16	15	17	15
	大麦・はだか麦	73	10	15	8	8	9	9	9	9	9	9	12	12	12	12
	いも類	100	99	96	87	81	76	78	76	74	74	73	73	73	72	70
	かんしょ	100	100	100	100	93	93	94	94	94	94	95	95	96	95	96
	ばれいしょ	100	99	95	83	77	71	73	71	69	69	67	68	68	67	65
	豆類	25	9	8	5	7	9	10	9	8	9	7	7	8	8	7
	大豆	11	4	5	2	5	7	7	7	7	7	6	6	6	7	6
	野菜	100	99	95	85	79	79	79	80	80	79	78	80	80	80	79
	果実	90	84	77	49	41	40	42	41	41	40	38	38	38	39	39
	うんしゅうみかん	109	102	106	102	103	103	104	100	100	100	100	103	102	103	102
	りんご	102	100	97	62	52	55	56	59	60	57	60	56	61	58	59
	肉類(鯨肉を除く)	90	77	81	57	54	55	55	54	53	52	51	52	53	53	53
		(42)	(16)	(13)	(8)	(8)	(8)	(9)	(9)	(8)	(8)	(7)	(7)	(7)	(8)	(8)
	牛肉	95	81	72	39	43	41	42	40	38	36	36	35	36	38	39
		(84)	(43)	(28)	(11)	(12)	(11)	(12)	(12)	(11)	(10)	(10)	(9)	(9)	(10)	(11)
	豚肉	100	86	86	62	50	54	51	51	50	49	48	49	50	49	49
		(31)	(12)	(9)	(7)	(6)	(6)	(7)	(7)	(7)	(6)	(6)	(6)	(6)	(6)	(6)
	鶏肉	97	97	92	69	67	66	67	66	65	64	64	64	66	65	64
		(30)	(13)	(10)	(7)	(8)	(8)	(9)	(9)	(9)	(8)	(8)	(8)	(8)	(9)	(9)
	鶏卵	100	97	98	96	94	95	95	96	97	96	96	96	97	97	97
		(31)	(13)	(10)	(10)	(11)	(11)	(13)	(13)	(13)	(12)	(12)	(12)	(11)	(13)	(13)
	牛乳・乳製品	86	81	85	72	68	64	63	62	62	60	59	59	61	63	62
		(63)	(44)	(43)	(32)	(29)	(27)	(27)	(27)	(27)	(26)	(25)	(25)	(26)	(27)	(27)
	魚介類	100	99	93	57	51	55	55	55	53	52	55	53	55	58	54
	うち食用	110	100	86	59	57	60	60	59	56	56	59	55	57	59	56
	海藻類	88	86	74	68	65	69	67	70	69	69	68	65	70	68	67
	砂糖類	31	15	33	31	34	29	31	33	28	32	34	34	36	36	34
	油脂類	31	23	32	15	13	13	13	12	12	13	13	13	13	14	14
	きのこ類	115	110	102	78	79	87	88	88	88	88	88	88	89	89	89
飼料用を含む穀物全体の自給率		62	40	31	30	28	28	29	29	28	28	28	28	28	29	29
主食用穀自給率		80	69	69	65	61	59	60	61	59	59	59	61	60	61	61
供給熱量ベースの総合食料自給率		73	54	53	43	40	39	39	39	38	38	37	38	37	38	38
生産額ベースの総合食料自給率		86	83	82	74	70	66	64	66	68	66	66	66	67	63	58
飼料自給率		55	34	27	26	25	26	27	28	27	26	25	25	25	26	26
供給熱量ベースの食料国産率		76	61	61	52	48	47	48	48	46	47	46	46	46	47	47
生産額ベースの食料国産率		90	87	85	76	73	71	69	70	71	70	69	70	71	69	65

（注）肉類、鶏卵、牛乳・乳製品の（　）は、飼料自給率を考慮した値である。
［出所］農林水産省「食料需給表」（2022年度）

図１　農地（耕地）面積の推移

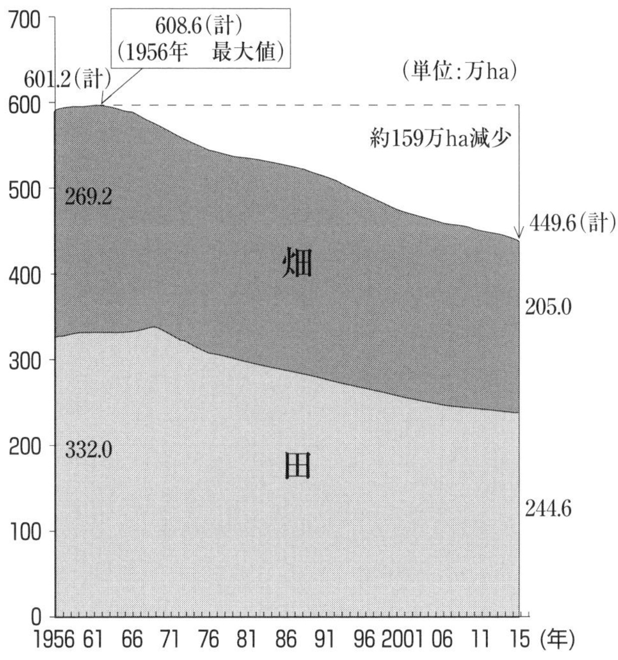

［出所］農林水産省「耕地及び作付面積統計」

図２　耕作放棄地面積の推移

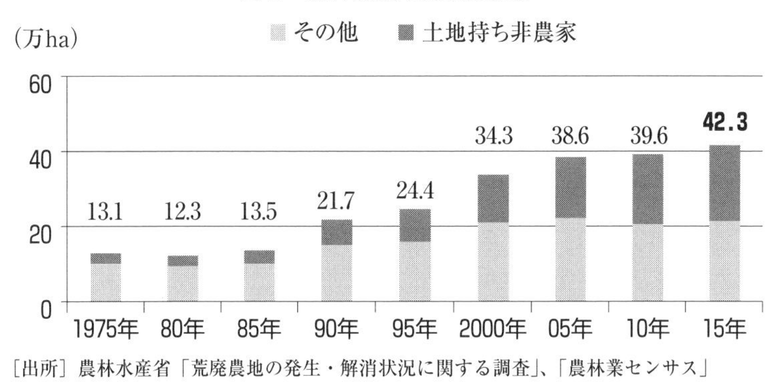

［出所］農林水産省「荒廃農地の発生・解消状況に関する調査」、「農林業センサス」

始めたのは、1990年からです。それは、まさに、牛肉・オレンジの自由化からWTO協定でのコメを含む関税化による農産物自由化の全面展開が始まった時期に該当します。耕作放棄地となる原因として、農林水産省の調査では、高齢化による労働力の不足が原因として挙げていますが、現場では、相次ぐ農産物輸入自由化で、農業経営の見通しが立たず、息子などに農業を継がせることに躊躇し、後継者のいないまま高齢化の局面を迎え、耕作放棄の事態となっているのが実態です。また政府は、「山間地及びその周辺の地域その他の地勢等の地理的条件が悪く、農業の生産条件が不利な地域」を中山間地域としていますが、耕作放棄地の比率が高いのはこの中山間地域で、もともと農業生産に制約の多い地域で耕作放棄地が増えている傾向となっています。

農地の作物別面積は、田（水田と乾田）が236万6000haで、全農地面積の54.4%、普通畑が112万6000haで25.8%、樹園地は26万3200haで6%、牧草地は59万3400haで13.6%となっています。耕地面積に占める水田の比率である水田率は54.4%とこの8年間変わっていません。また、国土面積に占める耕地面積の割合である耕地率は、2012年の12.2%から2021年の11.7%まで一貫して低下してきています。

先ほど紹介した耕作放棄地が多くでている中山間地域は、耕地面積は、167万haで、全耕地面積の38.2%を占めています。農地の比率から見ても中山間地域は、農業生産上重要な位置を占めているばかりか、雨水を一時的に貯留する機能（洪水防止機能）、土砂崩れを防ぐ機能（土砂崩壊防止機能）といった多面的機能が適切に発揮されている中山間地域は、国民の大切な財産ともいえます。

2　農地、特に水田の国土保全機能について

日本学術会議は、2001年11月に「地球環境・人間生活に関わる農業および森林の多面的な機能の評価について」（農林水産大臣の諮問に対する答

申）を取りまとめました。そこには、水田と国土保全との関係について重要な指摘がされています。

まず、日本の国土の特徴と保全についてです。

「日本は山岳国で、国土面積の12.9％が勾配35度以上の急傾斜地であり、30～35度の傾斜地が21.2％を占める。従って河川は急流が多い。また広く火山灰土に覆われており、大雨を伴う台風の襲来も多いため、いつ崩壊してもおかしくない危険な場所が多いとされる。このような国は世界的にも珍しい。こうした自然条件のもとでは、上流域の人々の、下流域を意識した森林・山地の管理、田畑の管理、水管理は、流域全体の安全にとって、不可欠の重要課題であった」

次に水田の国土保全の役割です。

「水田は畦によって水をせき止め、農産物の供給だけではなく、洪水を防止し、地下水を涵養する役割を果たした」とあります。もう少し詳しく紹介してみましょう。

〈洪水防止機能〉

「水田は周囲を畦畔で囲まれており、雨水を一時貯留することにより洪水流出を防止・軽減する機能がある。……棚田が耕作放棄された場合50年に1回の洪水が25年に1回起こるようになるとの結果が報告されている」

〈土砂崩壊防止機能〉

「水田には作土層の下に耕盤が形成されているため、かんがい水を緩やかに浸透させ、地下水位を安定的に維持する機能がある」

〈土壌浸食防止機能〉

「水田は、湛水状態では降雨が土壌表面に作用せず、また、傾斜地帯であっても土壌面は平坦であり、耕作放棄によって荒地となった場合に比較して、土壌浸食防止機能は非常に高い」

〈河川流域安定・地下水涵養機能〉

「水田に湛水されたかんがい水の多くは、地下に浸透し、一部は排水路を通じて河川に還元される。……河川に還元される場合、農業地域で滞留することによって、河川の流水量の変動を平滑化するとともに、下流河川の水源として流域安定に寄与」「深部に浸透した水は、流域の浅層および深層の地下水を涵養」

日本学術会議は、農業の洪水防止機能が3兆4988億円、水源涵養機能が1兆5170億円、土壌浸食防止機能が3318億円、土砂崩壊防止機能が4782億円の貨幣評価額を持っているとしています。

農地が1961年から71％も減少していることは、この多面的機能が、当時より7割も落ちていることになります。後ほど見るように地球温暖化による異常気象によって集中豪雨が増えているなかで、下流部における都市住民に与える災害被害からもこの問題は、避けて通れない問題と言えます。

3　農業従事者の状況

日本の農業に従事し、農産物を生産している農業従事者は、2021年には229万人と1998年の691万人からこの24年間で約3分の1に激減しています。農業従事者は1960年には1765万人いましたから、それと比較すると、当時の12.9％の水準です（図3）。しかも、農業就業者の70.2％が65歳以上という高齢化した状態になっています。それを補う形で増えているのが技能実習生を中心とした外国人労働者で、今や4万3000人を超えています（図4）。野菜主産地では、農業従事者の3分の1は、外国人労働者になっています。この農業従事者の問題について見ていきましょう。

農業従事者は、農業就業人口のうち普段仕事として自営農家に従事した世帯員数をさしますが、そのうち、農林水産省は、兼業農家や自給的農家を除いた普段仕事としておもに自営農業の従事しているものを「基幹的農

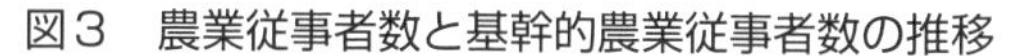

図３　農業従事者数と基幹的農業従事者数の推移

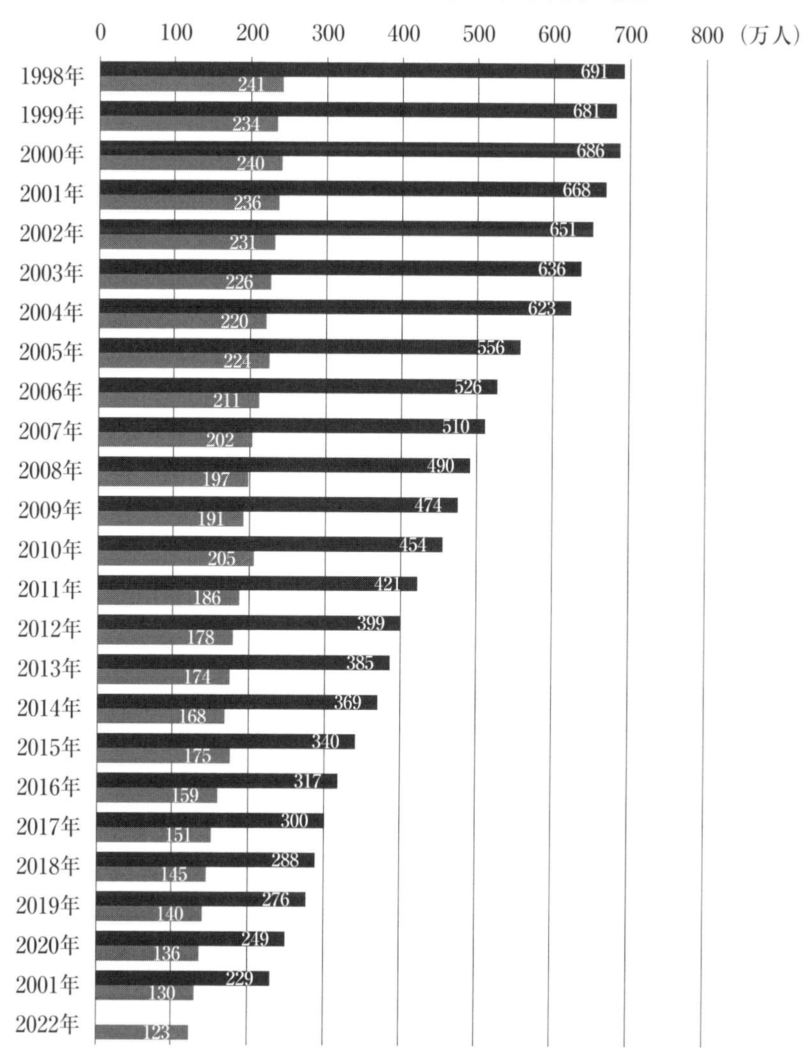

（注）農業従事者：15 歳以上の世帯員のうち、調査期日前１年間に自営農業に従事した者。
　　基幹的農業従事者：15 歳以上の世帯員のうち、ふだん仕事としておもに自営農業に従事している者。
　　2019 年までは販売農家、2020 年からは個人経営体の数値。
［出所］農林水産省「農林業センサス、農業構造動態調査」、2022 年は第１報

図４　農業分野の外国人労働者数の推移

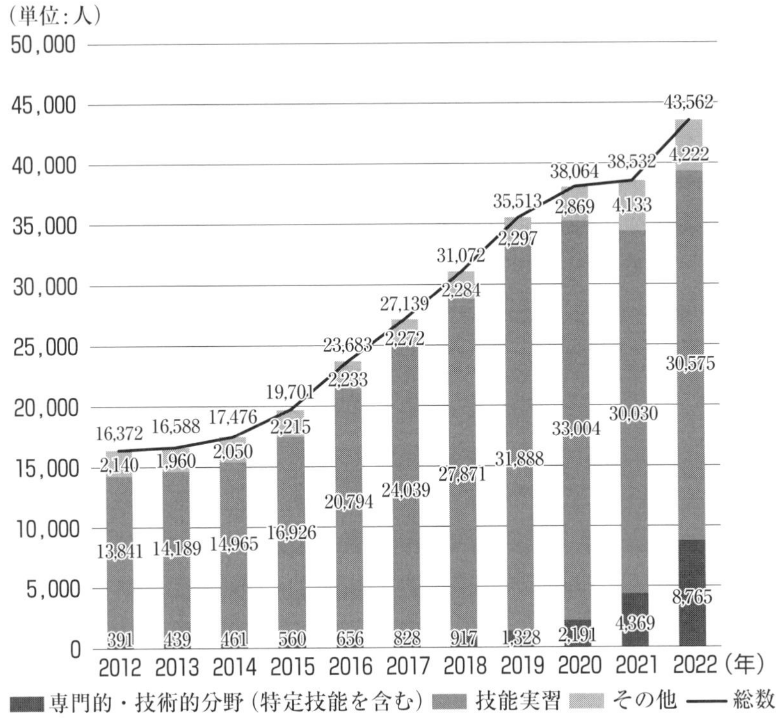

［出所］厚生労働省「『外国人雇用状況』の届出状況」から特別集計（各年 10 月末日現在）

業従事者」として、政策上の対象農業者として扱っています。しかし、今の日本農業の現状では、兼業農家や自給的農家の日本農業における役割は極め大きく、基幹的農業従事者だけに農業政策を絞ったやり方は、問題だと言えます。その点については、後ほど言及したいと思います。

では、基幹的農業従事者の現状について見ていきます。基幹的農業従事者は 1998 年には 241 万人でしたが、2022 年は 123 万人と約半減しています（前掲図３）。基幹的農業従事者の年齢構成を見ると平均年齢が 67.9 歳で、年齢構成で見ると 70 歳以上が 69.5 万人で 56.7％を占めています。農林水産省でさえ「今後 10 ～ 20 年先を見据えると、基幹的農業従事者数は大幅に減少することが確実であり、生産基盤の脆弱化が危惧される」（農林水産省「食料・農業・農村をめぐる情勢の変化」より）と危機的な状況であることを認めています。

しかし、稲作や果樹生産では、作付け面積ベースで見た場合、ともに38％が副業的経営が生産を担っています。そこでは基幹的農業従事者でない農業者が生産を担っているのです。そこで、基幹的農業従事者ではない自給的農家の実態と役割を見ていきます。

4　多様な農業担い手を――自給的農家の多面的役割と農業面での役割

自給的農家とは、耕地面積が30a（アール。1a＝100㎡）未満の経営耕地面積しかなく、年間農産物販売額が年間50万円未満の農家と規定されています。全国の総農家の平均耕地面積（2015年）が、1.43haであるなかで、自給的農家の耕地面積の30a未満は全農家平均の耕地面積の5分の1以下であり、年間の販売額が50万円未満となっています。自給的農家の日本農業に占める割合を見てみましょう。自給的農家数は、2000年には78万3000戸で、総農家に対する比率は25％と4分の1の水準でした。それが2010年には、89万7000戸で、比率は35.4％と戸数も比率も高くなり総農家数の3分の1以上になり、2020年には、71万9000戸で、比率は、41.1％と総農家に対する比率は過去最高となりました（表2）。このように自給的農家は、この20年間に急速にその比率を増加させ、日本の総農家の41％を占めるという、日本農家の大層を占めるに至っていることがわかります。ちなみに、2010年には89万7000戸あった自給的農家が2020年には71万9000戸と10年で18万8000戸も減少したわけですが、それは、自給的農家が離農し、土地持ち非農家になったからであると想定されます。土地持ち非農家も現在急増しています。

自給的農家の状況を見て行きます。自給的農家は、経営規模が零細であ

表2　農家数の推移

（単位：万戸）

	2000年	2005年	2010年	2015年	2017年	2018年	2019年	2020年
総農家	312.0	284.8	252.8	215.5	—	—	—	174.7
販売農家	233.7	196.3	163.1	133.0	120.0	116.4	113.0	102.8
自給的農家	78.3	88.5	89.7	82.5	—	—	—	71.9

（注）農家：経営耕地面積が10a以上または農産物販売金額15万円以上の世帯。
販売農家：経営耕地面積が30a以上または農産物販売金額が50万円以上の農家。
自給的農家：経営耕地面積30a未満かつ農産物販売金額が50万円未満の農家。
2017年までは全数調査で実施した「農林業センサス」、2018年以降は標本調査で実施した「農業構造動態調査」による。

［出所］農林水産省「農林業センサス」「農業構造動態調査」

るだけではありません。総農家の41％を占めるだけに、農業農村社会に広範囲に存在し、農村社会の構成員として、その社会的な役割を果たしているのです。また、都市地域に存在する自給的農家は、都市農業に求められる都市地域特有の役割も果たしているとも言えます。このように自給的農家は、日本農業・農村において多面的役割を果たしているとも言えるのです。それらについて、見ていきましょう。

5　中山間地での自給的農家の役割

一つには、中山間地における自給的農家の役割です。中山間地域とは、農業地域類型区分のうち、中間農業地域と山間農業地域を合わせた地域を指しています。山地の多い日本では、このような中山間地域が総土地面積の約7割を占めています。また、この中山間地域における農業は、全国の耕地面積の約4割、総農家数の約4割を占めるなど、我が国農業のなかで重要な位置を占めています。ちなみに中山間地域の人口は1420万人、耕地面積は162万ha、農家数は77万戸、中山間地域を含んでいる市町村数は、1697 市町村にも及んでいます。

この中山間地域での自給的農家の役割を明らかにしたのは、2020 年 6 月に『農林業問題研究』で発表された「中山間地域の自給的な農業生産・植物採取・消費の実態」（岐阜大学・広田勲准教授ら 3 名の共著）でした。紹介しましょう。

本研究では「日本の中山間地域では小規模になりつつあるものの様々な活動が行われている。畑地では自給的な作物生産、周辺の山野では野生、半野生の食用植物の採集が存続しているが、商業的生産を主目的としないこういった小規模な活動には、地域に継承されてきた知識、技術、文化が反映されやすく、地域固有の植物資源利用がみいだされやすい傾向があることが知られている」として、中山間地では、自給的農家の活動が、地域に継承されてきた知識、技術、文化を反映し、地域固有の植物資源利用を進めているとし、「岐阜県の中山間農村を事例として、小規模農業の作付体系およびそこからの生産物の消費を詳細に観察、記録し、実証的に中山間地域の小規模農業の生産と消費の実態を表現すること」ことを研究目的としたものです。

この研究対象の岐阜県揖斐郡揖斐川町小津地区地域は、「濃尾平野の北西にある揖斐川町中心街から北に約 10 km の距離にある。揖斐川の支流の小津川と高知川沿いの谷あいに集落が配置されており、集落の標高は約 200 m だが周囲は約 500 m の山に囲まれた峡谷型の中山間地域である。農地は主に谷筋に分布しており、現金収入源としての農業は主に水稲、コギク、シキミの生産である。また国土交通省の豪雪地帯に指定されており、農地には 3 月頃まで残雪を確認することができる。2015 年国勢調査によると、小津地区は人口 195 人 77 世帯となっている。65 歳以上の人口比率を占める高齢化率は 49.7％であり、平野部を含む揖斐川町の平均の 35.2％と比較すると高くなっており、高齢化が進行している」といった典型的な中山間地域です。

この中山間地域での農業生産は、次のような特徴があります。「水田が農地面積の63%を占め、次いで菜園が15%、コギク畑が15%、チャ畑が3%、カキ畑が1%となっていた。一方筆数は菜園が最も多く、菜園では小規模な面積で作物栽培が行われていた。また特に多様な作物生産が行われている菜園に関して、従事している住民の年齢全員が60代以上であり、高齢者によって作物生産が担われ、維持されていた。」そして、「小津地域にアカウリ、アキマメ、ヤツガシラとよばれる3種類の地区内で継承される特徴的な作物が存在することが明らかとなった。……これらについてはそれぞれ栽培している農家によって自家採種が行われており系統が維持されていた。」また、「中山間地域における農業の自給的側面が強い一方、自給的な消費以外にも、親戚や友人との関係性が消費に現れていた。本地区は高齢者が多く、必然的に農作業に投入できる労働力が限定されており、しばしば労働力の不足が起こるため、住民同士の関係の維持は重要である。参与観察の結果から例えば水田の移植期や収穫期、あるいは夏から秋にかけての菜園の収穫期には、相互扶助のもとに労働交換が行われ、労働力の不足が補われている様子を伺うことができた。また獣害対策のフェンスの設置、マルチの貼りかえ等の重労働が生じる際も同様に住民同士が手伝う様子がみられた。地区内の水田や菜園は小規模であるとはいえ、住民が相互に助け合うことでその生産が支えられていた。」

そして、この研究は次のように結論をまとめています。「小津地区の農業は自給的な性格を強く持ち合わせており、販売が主な目的ではないために耕作者の嗜好が反映されやすく、わずかながらも地域内で継承される特徴的な作物が残存していることが明らかとなった。またこの地域では生産物の交換が無視できない頻度で行われており、小規模な農地からの生産物は地域内外の人々との交流に貢献している可能性も示した。日本の中山間地域では一般的に高齢化が進行しており販売を目的とした農業への急速な転換は困難であると考えられる。一方で本研究から明らかになったような、販売を主目的としない自給的な性格をもつ農業には、作物を生産するという目的以外にも、多様な役割が含まれている可能性がある。悉皆的な調査による有望な地域資源の発掘、および小規模農業の社会的機能の再評価等、農業生産以外の価値づけを含めた小規模農業の多面的評価を実証的手法によって行い、今後に生かしていく必要がある」（下線は筆者が設定）。

このように、自給的農家は、中山間地域において、希少な農産物の種の自家採取によって系統の保全の役割を果たし、小規模な農地からの生産物の交換で地域内外の人びととの交流の役割を果たし、地域内の相互扶助に基づいて労働交換を行い地域の農業生産を支えるなど多面的役割を果たしているのです。

6　都市農地における自給的農家の役割

都市農業においてもその半数は、自給的農家とされています。そして、都市地域においても、自給的農家の多面的機能が求められています。

都市農地における自給的農家の役割の問題を解明しているのは、2013年に発行された『都市住宅学』82号論文「自給的農地を地域で活かす」（筑波大学大学生命環境系・土屋一彬、農研機構・栗田英治）でした。

この論文の問題意識は、次のようなものです。

「地域のなかで農地を活かしていくためにも、農家が今後も持続的に農地の管理を担っていけるのか、農家側からみて都市住民の参入がどう捉えられるのかについて、検討がなされる必要がある。こうした農地の持続的管理の問題を考えるにあたり、集約化・高付加価値化により高い収益をあげている農家とは別に近年注目を浴びつつあるのが、自給的農家である。」

このように、問題意識は、都市農地の持続的な農地管理を担うのは、自給的農家ではないかという点でした。そして、これまで都市農業問題では、自給的農家を否定的に見ていたとして、「これまでの都市農地をめぐる議論の中で、農家の自給的な側面（自家消費とも呼ばれる）が明確に意識されることが少なかったし、意識されたとしても否定的に捉えられることが多かった。しかし、仮に自給的な生産が強くこうした農家を動機づけており、そこに都市住民が関われる余地があるのであれば、土地や生産物の共有を通じ、自給的利用が農地の持続的管理、人と自然の関わりの場創出、コミュニティ形成へ貢献できる可能性がある」として、自給的農家に多面的機能があることを評価しているのです。

都市農業における「自給的農家」の概要は、「1）概ね総農家の半数程度を占めているとともに、2）近年その数は横ばいで推移しており、3）都心近くよりも近郊地域に多く存在している」としていますが、都市農業でもその農家の半数が自給的農家が占めていることになります。そして、その農地利用の状況は、次のようになっています。「現地で農地利用状況を見て気づくのは、ごく一部しか栽培に利用していない区画が散見されることだ。これは、自給的農地の規模が、個人や世帯への供給の観点からは広すぎることを示唆している。」「そのようなごく一部を利用して作った生産物でさえも、個人や世帯からみると多すぎる量が一度にできてしまう場合がある。筆者らが調査をしている地域の農家も、多くの場合、生産物は個人や世帯だけでは消費しきれないと述べていた。このように、自給的農家は、土地と生産物の余剰を抱えている。」

このように、自給的農家の農地利用は、所有農地のごく一部しか利用されず、また、そこで作った農産物も世帯だけでは消費しきれないという土地と生産物の余剰を抱えている状況なのです。そして、「土地や生産物の余剰は、裏を返せば都市住民が農地を利用したり、生産物を都市住民と分け合ったりする可能性とも捉えられる。土地や生産物の共有は、都市住民の食品入手に貢献するだけでなく、長期的には農地の持続的管理、人と自然の関わりの場創出、コミュニティ形成にも貢献する」として、自給的農家の農地を利用して、都市住民の農地利用や生産物の共有、そして、人と自然の関わりの場の創出やコミュニティ形成を図るということが大いに望まれることを提案しています。それは、何よりも都市農業地域における、自給的農家の多面的役割の発揮とも言えるものです。

7　多様な担い手として広がる半農半X

今、半農半Xというキーワードと生き方が農村・農業現場で広がっています。半農半Xという用語を生み出したのは塩見直紀氏で、持続可能性の環境問題とみずからどう生きるかとの葛藤のなかで生まれたとされています。もうけるための農業ではなく、自身が食べていくための農業を、別の何かと組み合わせたライフスタイル、「収入を得るために仕事をする」という考え方から脱却し、自分に必要な食糧を自給しながら、自身のやりたいことを追求するライフスタイルと言えます。農業的な位置づけから見ると先ほど詳述した自給的農家と言えるでしょう。ただ違うのは、これまでの自給的農家は、専業農家や兼業農家がリタイヤした形態であるのに対して、半農半Xとしての農業参入は、若い人を中心にみずからの生き方を求めるなかで参入する形態であるということです。

半農半Xについて、塩見氏は次のように述べています。

「半農半Xの考え方の特質のひとつが、見た人が完成させるということです。その人が工夫できる余地、アレンジのし易さがあることです。宮沢賢治は『永久の未完成これが完成である』と言っています。半農半Xは、ある種のデバイスやキャンパスに入れるアプリのようなもので、カスタマイズ自由、ローカライズ自由ということで、自分に合うものをどんどんアレンジしてもらったらいいと思います。半農半Xは、面積は関係なく、広くても、ベランダでもいいのです。時間も、長くても短くてもいい。場所も、都会でも田舎でもいい。ニューヨークでも、ベルリンでも、東京23区でもいい。そして、Xはフルタイムでもボランティアでもいい。起業しても会社員でも公務員でもいい。Xがない方は、周囲のサポートをしてくださいと言っています。Xは一つではなく、いくつでもいい。Xは名詞ではなくて、人を助ける、人をつなげるという動詞的なことかもしれません。半農半Xの『農』は、人間中心主義を超えることが重要だと考えています。そして、サバイバル対応という想いも入ってきます。農からインスピレーションをもらえるなど、いろいろプラス面もあります。ゼロ％でもなく百％でもない。ゼロ％というのは農業をなにもしないこと。百％というのは専業農家を指しますが、もっともっと多様な農があるのではないでしょうか。半農半Xの基本は、農へのリスペクトで、それが中心にあります」（『日本農業の動き 215』）。

この半農半Xとしての農村地域への新規参入は、農業生産という側面だけでなく、農村の活性化という面で、自治体で歓迎されており、いち早く支援を始めた島根県をはじめ北海道、秋田、新潟などの専業農業地域でも過疎地域を抱えている自治体からも行政面での支援措置が急速広がっています。島根県では、就農前の研修時と定住・就農初期の営農に必要な経費を、それぞれ最長で1年間助成し、両方を合計すれば、期間は最長で2年間助成することになります。また、対象は就農時 65 歳未満の人で、助成金額はそれぞれ月額 12 万円です。半農半X開始支援事業（ハード事業）については、施設整備経費の助成が補助率3分の1以内で上限 100 万円となります。

8　危機的な食料安全保障の下で再評価し活用されるべき多様な担い手

しかし、このような多面的な役割を果たしている自給的農家に対して、今の大規模農業一辺倒の自民党農政では、これまで政策上の視野に入っておらず、新たな農政上の役割を与えるどころか、自給的農家から離農である土地持ち非農家への移行を漫然と眺めているに過ぎませんでした。この自給的農家に対する統計上の取り扱いも農家数の把握にとどまり、自給的農家の年齢構成や所得分布、所有農地面積などはまったく統計で把握しようとしていません。自給的農家が少数の存在であれば理解できますが、今や農家数ではその 41％が自給的農家であり、現代の日本の農家における最大の存在です。そして、仮に自給的農家がすべて農地を0.3ha所有しているとすると、自給的農家の農地面積は、最大で21万3700haに上ります。それは、千葉、埼玉、神奈川各県の耕地面積を合計した21万9000ha（2018年）に匹敵するものです。それは、114万4000haの耕地面積を持っている北海道を除けば、17万haの新潟県以下各都府県で比較しても最大の耕地面積となります。

また、食料安全保障の危機が目前にあるなかで、日本の食料自給率引き上げは待ったなしの課題です。このようななかで、政府は、食料・農業・農村基本法の改正問題で、新たな取り組み方針を策定中です。このなかで、政府もこの自給的農家の取り込みと活用について次のように方針を明らかにしました。「農業を副業的に営む経営体や自給的農家が一定の役割を果たすことを踏まえ、地域の話し合いを基に、これらの者が農地の保全・管理を継続する取組を進めることを通じて、地域において持続的に農業生産が行われるようにする」（食料農業農村政策審議会基本法検証部会、中間取りまとめ）。

食料危機が大きな災禍になろうとしているだけに、21万haに及ぶ自給的農家の農地の活用や多面的機能の再評価は、避けて通れない課題であることは当然と言えるでしょう。

9　国連「家族農業の10年」と日本の家族農業

●国連「家族農業の10年」

国連は、2017年12月20日、第72回国連総会で「家族農業の10年」（the Decade of Family Farming）を、国連加盟国104か国の賛成で可決し、2019～2028年が家族農業の10年間になることが正式に決定されました。

これは、2014年の国際家族農業年を10年間延長するもので、国連とその加盟国は小さな家族農業を再評価し、政策的に支援することが求められることになります。ちなみに日本政府もこの「家族農業の10年」の設置に賛成しました。

●世界の家族農業は

世界全体の家族農家の推定数は少なくとも５億世帯以上に及び、世界の農家の９割が家族経営の農家です。さらに家族農業は、世界の農地利用においても大きな割合を占め、世界の食料の約80%を生産しています。家族農業といっても様ざまです。世界の農家の大半は、小規模農家または超小規模農家です。多くの低所得国では農家の規模はさらに小さくなります。世界の全農家の72%を1ha未満の農家が占めています。これとは対照的に、50haを超える農家は世界の農家のわずか１%にすぎませんが、世界の農地の65%を占有しています。こうした大規模農家、場合によっては超大規模農家の多くも、家族所有・家族経営の農家です。

●なぜ「家族農業の10年」なのか

では、なぜ、「家族農業の10年」なのでしょうか。国連は家族農業の重要性とその意義について次のように述べています。「2050年に目を向けてみると、人口は90億人台を超えると予想され、現在よりも多くの食料を、しかも場合によっては、より質の高い健康的な食料を、消費する人口を支えなければならないという、新たな課題に我々は直面することになる。同時に、農家および人類全体は、気候変動がもたらす新たな課題をすでに抱えている。土地資源や水資源の劣化拡大、その他の環境への悪影響は、高度な集約型農業システムが限界にきていることを示している。したがって、現在求められているのは、貧困層のアクセス拡大を支援する、真に持続可能で包括的な農業システムを見つけ出すことである。そうすることで、将来の世界の食料需要を満たすことができるようになるであろう。そして家族農業ほど、持続可能な食料生産の実例に近いものはない」（「世界食料農業白書2014年報告」）。

もう少し、噛み砕いて見ていきましょう。まず、今後の世界の人口の見通しです。国連は、「2050年には、現在の72億人から96億人へと増加することが予想されている 」としています。それに対して、この人口増に見合うための食料増産については「2050年の農業生産を2006年の水準より60%以上増加させる必要があるとFAOは予想している」としています。しかし、世界の農地拡大の条件については、「アフリカと南アメリカの一部を除き農地の拡大余地がほとんどないなか、土地不足と淡水資源の枯渇は今後深刻化すると予想されている」として、農地拡大どころか農地不足も懸念されているわけです。また、これまでの人口増に対応してきた農業生産性の向上についても、「今後数十年で、耕作地を大規模に拡大せずに 食料の生産量を大幅に増産しなければならないが、直近の数十年で見ると、世界的の小麦、コメ、トウモロコシなどの主要生産物の単収増加率は、1960年代や1970年代に比べて大きく鈍化している。問題は、単収の増加率が今後数十年における需要の伸びに追いついているか、ということである」として懸念を表明しています。要するに2050年には世界の人口増に見合う食料生産が今のままではできない、世界的な飢餓もありうるとの見通しを立てているのです。そして、それを解決するためには、世界の農家の大半を占める小規模農家または超小規模農家の家族農業を活性化させ、反収も増加させて、全人類的な食料の確保を遂げようとしているのです。

食料自給率38%の日本にとって「家族農業の10年」の意味は大きいものがあります。まず、2050年の食料危機の見通しにたった場合、食料自給率38%の日本が今のままでは国民の食料確保が危ういという問題です。食料自給率引き上げに真剣に取り組まなければなりません。そして、そのためには、日本においても家族農業の活性化に取り組むべきです。国連も「家族農家は世界の食料安全保障において重要ではあるものの、発展への阻害要因とも見なされ、政府の支援を奪われている」としていますが、「環太平洋連携協定（TPP）や日欧経済連携協定（EPA）といったハイレベルの自由貿易を進める日本は今、競争力強化の名の下で農業の規模拡大・効率化路線を強めている。だが、その単線だけで十分か。家族農業を営む生産者にも目を向けるべきだ。次代に持続可能な食と農を引き継ぐため、“懐の深い”農政が求められている」(2017年12月27日『日本農業新聞』主張）との指摘の通り、「家族農業の10年」に基づく日本農政の政策転換が求められていると言えるでしょう。

第3章
日本の農産物の生産状況はどうなっているか

日本では多様な農産物が生産されていますが、その農産物の2021年の生産量ベースの作付け面積を俯瞰的に見てみますと、水稲140万3000ha、飼料作物（牧草）71万7600ha、野菜44万3200ha、小麦22万ha、大豆14万6200ha、果樹8万2300ha（みかん3万7000ha、りんご3万5300ha）などとなっています（表1）。これらの農産物の最新の生産状況がどうなっているのか、問題点はどこにあるかについて見ていきましょう。

1　米

米は、日本人の主食を担う農産物で、日本農業の柱となっています。しかし、この米生産は、苦境に追い込まれています。

米は、水稲と陸稲がありますが、陸稲は、現在では全国でわずかに600ha、生産県も茨城と栃木に限られているので、本稿では、水稲について記述します。

米の作付け面積は、農業基本法が成立する前年の1960年には312万4000haありましたが、年々減少し、2021年には140万3000haと1960年の45％の水準にまで作付け面積は減少しています。収穫量（玄米）は、1960年は1253万9000トンと過去最高の収穫量でしたが、2021年には、過去最低の756万3000トンと1960年の60％の水準まで減少しています。

表1　主要農作物の生産量

区分	2020年度			2021年度		
	作付面積 (ha)	10aあたりの収量 (kg)	収穫量 (t)	作付面積 (ha)	10aあたりの収量 (kg)	収穫量 (t)
水稲（子実用）	1,462,000	531	7,796,000	1,403,000	539	7,563,000
小麦（子実用）	212,600	447	949,300	22,000	499	1,097,000
二条大麦	39,300	368	144,700	38,200	413	157,600
六条大麦	18,000	314	56,600	18,100	304	55,100
はだか麦	6,330	322	20,400	6,820	324	22,100
かんしょ	33,100	2,080	687,600	32,400	2,070	671,900
ばれいしょ	71,900	3,070	2,205,000	70,900	3,070	2,175,000
そば（乾燥子実）	66,600	67	44,800	65,500	62	40,900
大豆（乾燥子実）	141,700	154	218,900	146,200	169	246,500
野菜	448,700	—	13,045,000	443,200	—	12,876,000
みかん	37,800	2,030	765,800	37,000	2,020	749,000
りんご	35,800	2,130	763,300	35,300	1,880	661,900
てんさい	56,800	6,890	3,912,000	57,700	7,040	4,061,000
さとうきび	22,500	5,940	1,336,000	23,300	5,830	1,359,000
飼料作物（牧草）	719,200	3,370	24,244,000	717,600	3,340	23,979,000

［出所］農林水産省「作物統計」、「野菜生産出荷統計」、「果樹生産出荷統計」

ただ、10aあたりの収量は、この間の農業技術の進展を反映して、1960年の401kgから2021年には539kgと34.4%ほど伸びています（表2）。

2021年のおもな都道府県別の米の作付け面積は、新潟11万7200ha、北海道9万6100ha、秋田8万4800ha、宮城6万4600ha、茨城6万3500ha、山形6万2900ha、福島6万500ha、栃木5万4800ha、千葉5万600ha、岩手4万8400ha、青森4万1700haなどとなっています。

現在、米生産は、主食用だけでなく、飼料用の米生産も行われています。

表２　米の年次別・農業地域別生産量

年産・全国農業地域	水陸稲計		水稲					陸稲		
	作付面積（千 ha）	収穫量〔玄米〕（千 t）	作付面積（千 ha）	10a あたり収量（kg）	収穫量〔玄米〕（千 t）	10a あたり平均収量（kg）	作況指数	作付面積（千 ha）	10a あたり収量（kg）	収穫量〔玄米〕（千 t）
1920 年	3,101	9,481	2,960	311	9,250	—	—	140.3	197	276.2
1930 年	3,212	10,031	3,079	318	9,790	285	112	133.4	181	241.8
1940 年	3,152	9,131	3,004	298	8,955	314	95	147.7	119	175.6
1950 年	3,011	9,651	2,877	327	9,412	330	99	133.9	178	238.4
1960 年	3,308	12,858	3,124	401	12,539	371	108	184.0	173	319.9
1970 年	2,923	12,689	2,836	442	12,528	431	103	87.4	184	160.8
1980 年	2,377	9,751	2,350	412	9,692	471	87	27.2	215	58.6
1990 年	2,074	10,499	2,055	509	10,463	494	103	18.9	189	35.7
2000 年	1,770	9,490	1,763	537	9,472	518	104	7.1	256	18.1
2010 年	1,628	8,483	1,625	522	8,478	530	98	2.9	189	5.5
2011 年	1,576	8,402	1,574	533	8,397	530	101	2.4	220	5.2
2012 年	1,581	8,523	1,579	540	8,519	530	102	2.1	172	3.6
2013 年	1,599	8,607	1,597	539	8,603	530	102	1.7	249	4.3
2014 年	1,575	8,439	1,573	536	8,435	530	101	1.4	257	3.6
2015 年	1,506	7,989	1,505	531	7,986	531	100	1.2	233	2.7
2016 年	1,479	8,044	1,478	544	8,042	531	103	0.9	218	2.1
2017 年	1,466	7,824	1,465	534	7,822	532	100	0.8	236	1.9
2018 年	1,470	7,782	1,470	529	7,780	532	98	0.8	232	1.7
2019 年	1,470	7,764	1,469	528	7,762	533	99	0.7	228	1.6
2020 年	1,462	7,765	1,462	531	7,763	535	99	0.6	236	1.6
2021 年	1,404	7,564	1,403	539	7,563	535	101	0.6	230	1.3
北海道	—	—	96	597	574	552	108	—	—	—
東北	—	—	363	581	2,110	568	102	—	—	—
北陸	—	—	202	531	1,072	540	97	—	—	—
関東・東山	—	—	253	545	1,380	538	101	—	—	—
東海	—	—	90	493	442	502	98	—	—	—
近畿	—	—	99	503	500	508	99	—	—	—
中国	—	—	99	517	511	5,189	99	—	—	—
四国	—	—	46	482	221	482	101	—	—	—
九州	—	—	155	485	752	501	99	—	—	—
沖縄	—	—	1	325	2	309	105	—	—	—

（注）「東山」とは、山梨県、長野県をさす。
〔出所〕農林水産省「作物統計」

2008 年から政府による助成制度が開始され、2008 年には生産面積は 1410ha でしたが、その後急速に生産面積は増加し、2021 年の飼料用の米の作付け面積は、11 万 5744ha に及び全国の米作付け面積の 8.2％になっています。

図1　ミニマムアクセス米の販売状況（2022年10月末現在）

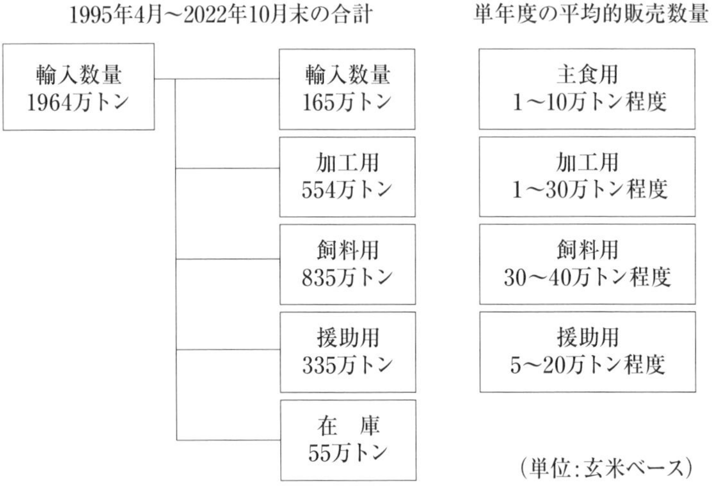

1995年4月〜2022年10月末の合計		単年度の平均的販売数量
輸入数量 1964万トン	輸入数量 165万トン	主食用 1〜10万トン程度
	加工用 554万トン	加工用 1〜30万トン程度
	飼料用 835万トン	飼料用 30〜40万トン程度
	援助用 335万トン	援助用 5〜20万トン程度
	在　庫 55万トン	

（単位：玄米ベース）

［出所］農林水産省資料

さらに、日本政府は1995年のWTO合意に基づいて年間77万トンもの米の輸入をミニマムアクセス米として行っています。1995年から2022年10月までに1964万トンもの米がミニマムアクセス米として輸入されました。そしてそのうち165万トンもの輸入米が主食用として使われました(図1)。

このミニマムアクセス米について政府は、当初から輸入義務があると説明してきましたが、WTO協定上は輸入義務ではなく、輸入機会の提供としており、実際、他国では約束アクセス数量に満たない事例が多く報告されています。結局、輸入義務でないにもかかわらず、国内での米需給バランスが崩れ、価格が下落して生産者に打撃を与えているときも米の輸入は何らの変化もなく、継続して輸入されていました。

米生産者にとって米の販売価格が米生産の継続にとって最も重要な要素ですが、この米価格は、大きく変動をし、2014年、2015年には大きく下落し生産者に大きな打撃を与えました（図2）。この米価格問題は、今も

図2　米の生産高と平均価格の推移

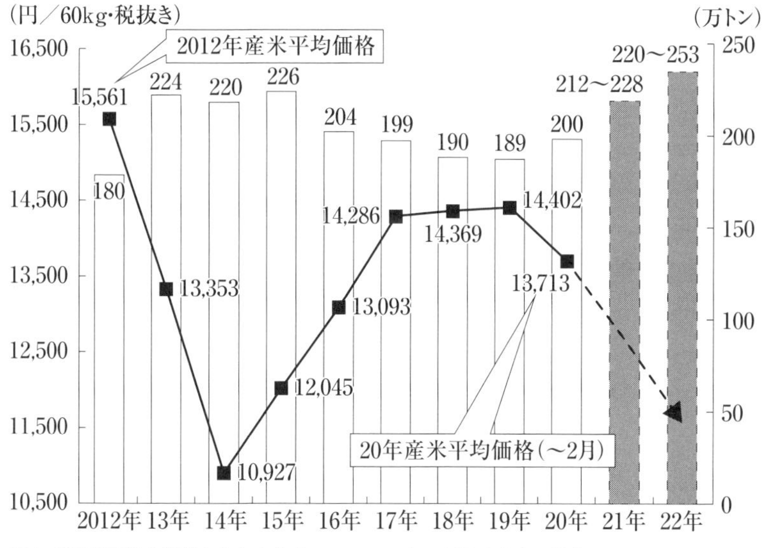

(注) 農業協同組合新聞などから作成。2021、22 年の価格は全中の試算。
［出所］新聞「農民」2021 年 5 月 3 日付

米生産者を悩ませている問題です。これには、米政策の大きな変化が価格下落をもたらした背景と原因があります。それを見ていきましょう。

2　米政策の変遷で米が市場原理にさらされた

米は、日本人の主食であり、その流通や価格は、安定性が求められ、戦後は、食糧管理法で厳しく流通管理され、価格も政府が決定していました。それは、1995 年まで続いていました。それに風穴を開けたのが、1969 年の自主流通米制度の開始でした。政府米と自主流通米の二つの流通がはじまり、政府米は政府が管理するものの、自主流通米は、価格は売り手と買い手が決めるものとなり、その流通比率は1995年には 7 割にもなりました。

1995 年の WTO 協定の受け入れで、米の輸入自由化としてミニマムアクセス米 77 万トンの輸入の開始が始まるとともに、食糧管理法を廃止して食糧法になり、米の全量管理をなくし、計画流通制度へ変更しました。また、政府の米の買い入れを備蓄米に限定するとともに農業者に対する政府への米の売り渡し義務を撤廃、ヤミ米や縁故米を合法化したのです。さらに2004年には、食糧法を改正して、計画流通制度を廃止したのです。これにより、事実上、米の流通は自由流通になりました。

そして米は、日本人の主食にもかかわらず、普通の商品となり、価格は需給によって決まることになりました。要するに、米が余剰となれば価格が下落し、米不足になれば価格が高騰するという市場原理にさらされることになったのです。

しかし、米生産者の不安は強く、政治の場での主食に相応しい制度を求める声は強く、民主党政権下の2011年に米に初めて所得保障制度が導入されました。それは、生産調整に参加しているすべての米販売農家に一律1万5000円/10a支給し、米価が下落した時は差額を補填するというもので、多くの農業者に賛同されましたが、自民党安倍政権下に廃止されました。以下、これらの政策の変遷を年別にまとめましたので参考にしてください。

〈米政策の変遷〉

1942～1995年	食糧管理法の下、政府が主食用の流通経路や価格を一元的に管理する体制
1969年	自主流通米制度の開始。自主流通米は売り手と買い手が交渉で価格を決める。政府米は政府が価格を決定するが、1995年には自主流通米比率は約7割になった。
1970年	米の生産調整（減反）の開始。これ以降、政府は、米生産者に麦や大豆等への転作面積を割り当てる行政指導を開始。生産調整面積を達成できなかった地域には、財政的支援を受けにくくするペナルティ措置を設け、強制力を持たせた。
1995年	ガット・ウルグアイラウンド交渉の結果ミニマムアクセス米77万トンの輸入の開始。同時に食糧管理法を廃止し、食糧法に。米の全量管理をなくし、計画流通制度へ。政府の米の買い入れを備蓄米に限定。農業者に対する政府への米の売り渡し義務を撤廃。ヤミ米や縁故米を合法化。
2004年	食糧法を改正して、計画流通制度を廃止。

2010年	民主党政権下、米の直接支払い交付金の支給を開始し、減反に対するペナルティ的な措置を廃止。
2013年	自民党安倍政権の下、米の直接支払い交付金の段階的廃止(2014年度～廃止は2018年度～)、減反の廃止（2018年度～)を決定。

〈米に対する政府の関わり方の変遷〉

1942～1995年	食糧管理法の下、政府が主食用の流通経路や価格を一元的に管理する体制。
1995年	食糧管理法を廃止し、食糧法に。米の政府による全量管理をなくし、登録業者による計画流通制度へ。政府の米の買い入れを備蓄米に限定。農業者に対する政府への米の売り渡し義務を撤廃。ヤミ米や縁故米を合法化。
2004年	食糧法を改正して、計画流通制度を廃止。米に対する政府の関与を最小限にし、事実上、米の自由流通。

〈米の価格の仕組みの変遷〉

～1969年	生産者米価も消費者米価も政府が決めていた。
1969年	自主流通米制度が始まり、自主流通米は売り手と買い手が価格を決めることになった。しかし、当初は取扱数量が少なく、ほとんどは政府が価格を決める政府米であった。1995年には、自主流通米比率は約7割になる。
1972年	物価統制令が改正され、消費者米価は自由化されたが、政府米で作られる全国一律価格の標準価格米が導入された。
1996年	標準価格米が指定標準米に変更され、全国一律価格はなくなり都道府県別に価格を決めることになり、2004年の食糧法改正で消滅した。

〈生産調整（減反）の変遷〉

1970年	米の生産調整（減反）の開始。米生産量が需要を大きく上回るようになったなかで、1970年から米の生産調整が始まった。これ以降、政府は、米生産者に麦や大豆などへの転作面積を割り当てる行政指導を開始。生産調整面積を達成できなかった地域には、財政的支援を受けにくくするペナルティ措置を設け、強制力を持たせた。
2006年	飼料用米などを生産調整の対象品目に加える。
2010年	生産調整のペナルティ措置を廃止し、転作に協力する農業者に米の直接支払い交付金を支給することに。

2018年	生産調整の廃止。生産計画の策定を農業者・農業団体等に委ねることに。他方、10aあたり1万5000円の直接支払い交付金を廃止。他方、飼料用米の助成単価を大幅に引き上げた結果、飼料用米の生産による収入が主食用米の平均的収入を上回る試算も出され、飼料用米の生産が増えた。

3 小麦

1961年には178万トンの生産をしていた小麦は、農業基本法の選択的拡大政策とその裏にあった米国産小麦の余剰小麦の処理によって、日本の小麦は安楽死させられ、一時は20万トン、自給率4％（1973年度）にまで落ち込みました。そして、当時小麦生産の主流であった裏作小麦は壊滅状態となりました。その後、国産小麦の振興策もあり、徐々に小麦生産が増え始め、2021年には、国内生産量は、109万7000トンとなっています（表3）。全国の小麦作付け面積は、22万haで、最大の主産地は北海道で作付け面積12万6100haで生産量は72万8400トンで、作付け面積で全国の57.3％、収穫量で66.3％を占めています。第二位は、福岡県で1万6000ha（7万8100トン）、第三位は、佐賀県で1万1600ha（5万6700トン）となっています（表4）。北海道では、小麦の品種改良も進み、雪や雨に強い品種のきたほなみやパン用・中華麺用のゆめちからなどの品種が作られ、輸入小麦に対抗できるようになってきています。しかし、国内の小麦消費量642万1000トンに対して、輸入小麦は、537万5000トンを占め、国内消費量の83.7％が輸入小麦に依存していることになります。

小麦製品（パン、麺、菓子、味噌、醤油など）は、需要量の9割が輸入小麦に依存しています。輸入量537万トン、日本の小麦自給率はわずかに17％（2021年）です。46％が米国産小麦、33％がカナダ産小麦、15％がオーストラリア産小麦となっています。それぞれの国の小麦は特性を持っており、輸入小麦のおもな用途も次のようになっています。

オーストラリア産小麦は、ラーメン用小麦（プライムハード）とうどん

表３　小麦の作付面積と収穫量の推移

	作付面積 (ha)	10a あたり収量 (kg)	収穫量 (t)	作況指数 (対平年比)
1880（明治 13）年	356,900	87	310,500	……
1885（明治 18）年	394,700	84	330,400	……
1890（明治 23）年	454,800	74	336,700	……
1895（明治 28）年	444,100	123	544,600	……
1900（明治 33）年	464,800	125	582,500	……
1905（明治 38）年	449,700	110	493,000	……
1910（明治 43）年	471,500	134	629,900	……
1915（大正４）年	496,600	144	716,000	……
1920（大正９）年	529,500	152	806,300	……
1925（大正 14）年	464,900	180	837,900	……
1930（昭和５）年	487,400	172	838,300	……
1935（昭和 10）年	658,400	201	1,322,000	……
1940（昭和 15）年	834,200	215	1,792,000	……
1945（昭和 20）年	723,600	130	943,300	……
1950（昭和 25）年	763,500	175	1,338,000	109
1955（昭和 30）年	663,200	221	1,468,000	111
1960（昭和 35）年	602,300	254	1,531,000	117
1965（昭和 40）年	475,900	270	1,287,000	107
1970（昭和 45）年	229,200	207	473,600	75
1975（昭和 50）年	89,600	269	240,700	96
1980（昭和 55）年	191,100	305	582,800	102
1985（昭和 60）年	234,000	374	874,200	117
1990（平成２）年	260,400	365	951,500	105
1995（平成７）年	151,300	293	443,600	77
2000（平成 12）年	183,000	376	688,200	100
2005（平成 17）年	213,500	410	874,700	108
2010（平成 22）年	206,900	276	571,300	68
2015（平成 27）年	213,100	471	1,004,000	127
2020（令和２）年	212,600	447	949,300	109
2021（令和３）年	220,000	499	1,097,000	118

［出所］農林水産省統計部「作物統計」

表４　小麦の都道府県別作付面積・収穫量

（2021年産）

	作付面積（ha）	収穫量〔玄麦〕（t）		作付面積（ha）	収穫量〔玄麦〕（t）		作付面積（ha）	収穫量〔玄麦〕（t）
全国	220,000	1,097,000	富山	50	98	島根	132	251
北海道	126,100	728,400	石川	102	184	岡山	968	3,880
青森	701	1,720	福井	110	216	広島	167	296
岩手	3,720	7,850	山梨	76	237	山口	1,550	5,720
宮城	1,110	4,360	長野	2,220	6,260	徳島	54	195
秋田	272	626	岐阜	3,370	10,700	香川	2,220	9,170
山形	83	187	静岡	744	2,310	愛媛	214	743
福島	408	1,070	愛知	5,780	29,400	高知	4	6
茨城	4,510	13,800	三重	6,980	22,800	福岡	16,000	78,100
栃木	2,290	8,060	滋賀	6,210	20,900	佐賀	11,600	56,700
群馬	5,430	21,000	京都	174	320	長崎	651	2,250
埼玉	5,080	20,000	大阪	2	2	熊本	5,150	21,600
千葉	791	2,750	兵庫	1,730	4,200	大分	2,790	9,820
東京	14	23	奈良	117	336	宮崎	103	133
神奈川	42	109	和歌山	3	5	鹿児島	33	73
新潟	69	159	鳥取	77	255	沖縄	12	16

［出所］農林水産省統計部「作物統計」

用小麦（ASW）が主。カナダ産小麦は、パスタ向け小麦（デュラム）とパン向け硬質小麦が主。米国産小麦は、パン向けの硬質小麦や菓子ケーキ向けの軟質小麦が主です。ラーメン屋に入ってラーメンを食べると、ラーメンの麺はオーストラリア産、チャーシューは米国産豚肉、ネギは中国産、脂も輸入、国産は水だけ。イタ飯では、パスタはカナダ産小麦。昼飯のうどんは、オーストラリア産。週末の朝食のパンは米国産。誕生日のケーキは、米国産小麦といった状況です。

4　大豆

大豆の国内生産も1952年には自給率が72％もあり、作付け面積も1954年には43万haもあり、1955年には収穫量が、50万7000トンにも及びましたが、1961年には大豆の輸入自由化と農業基本法の選択的拡大政策

表5　大豆の作付面積と収穫量の推移

	作付面積 (ha)	10aあたり収量 (kg)	収穫量 (t)	作況指数 (対平年比)
1880（明治13）年	420,200	72	301,300	……
1885（明治18）年	……	……	……	……
1890（明治23）年	……	……	……	……
1895（明治28）年	427,700	95	408,100	……
1900（明治33）年	453,900	101	459,500	……
1905（明治38）年	454,900	92	420,800	……
1910（明治43）年	474,200	92	438,200	……
1915（大正4）年	466,900	105	491,200	……
1920（大正9）年	472,000	117	550,900	……
1925（大正14）年	393,800	118	465,500	……
1930（昭和5）年	346,700	113	391,400	……
1935（昭和10）年	332,600	88	291,700	……
1940（昭和15）年	324,800	98	319,900	……
1945（昭和20）年	257,000	66	170,400	……
1950（昭和25）年	413,100	108	446,900	……
1955（昭和30）年	385,200	132	507,100	112
1960（昭和35）年	306,900	136	417,600	109
1965（昭和40）年	184,100	125	229,700	94
1970（昭和45）年	95,500	132	126,000	100
1975（昭和50）年	86,900	145	125,600	105
1980（昭和55）年	142,200	122	173,900	88
1985（昭和60）年	133,500	171	228,300	112
1990（平成2）年	145,900	151	220,400	85
1995（平成7）年	68,600	173	119,000	100
2000（平成12）年	122,500	192	235,000	108
2005（平成17）年	134,000	168	225,000	99
2010（平成22）年	137,700	162	222,500	100
2015（平成27）年	142,000	171	243,100	99
2020（令和2）年	141,700	154	218,900	96
2021（令和3）年	146,200	169	246,500	105

［出所］農林水産省統計部「作物統計」

表６　大豆の都道府県別作付面積・収穫量

(2021年産)

	作付面積(ha)	10aあたり収量(kg)	収穫量(t)		作付面積(ha)	10aあたり収量(kg)	収穫量(t)		作付面積(ha)	10aあたり収量(kg)	収穫量(t)
全国	146,200	169	246,500	富山	4,250	167	7,100	島根	783	103	806
北海道	42,000	251	105,400	石川	1,620	138	2,240	岡山	1,550	82	1,270
青森	5,070	162	8,210	福井	1,740	158	2,750	広島	408	67	273
岩手	4,530	147	6,660	山梨	212	114	242	山口	870	107	931
宮城	11,000	202	22,200	長野	2,010	149	2,990	徳島	15	93	14
秋田	8,820	158	13,900	岐阜	2,960	102	3,020	香川	67	72	48
山形	4,740	154	7,300	静岡	244	82	200	愛媛	346	148	512
福島	1,410	129	1,820	愛知	4,470	138	6,170	高知	73	62	45
茨城	3,360	118	3,960	三重	4,530	90	4,080	福岡	8,190	88	7,210
栃木	2,350	148	3,480	滋賀	6,490	133	8,630	佐賀	7,850	96	7,540
群馬	278	150	417	京都	318	97	308	長崎	400	41	164
埼玉	619	94	582	大阪	15	73	11	熊本	2,500	109	2,730
千葉	876	96	841	兵庫	2,280	76	1,730	大分	1,440	96	1,380
東京	4	125	5	奈良	134	112	150	宮崎	218	115	251
神奈川	37	149	55	和歌山	27	93	25	鹿児島	345	99	342
新潟	4,090	190	7,770	鳥取	667	110	734	沖縄	×	×	×

［出所］農林水産省統計部「作物統計」

の下で、作付け面積も収穫量も減少の一途となり、1977年には作付け面積7万9300ha、収穫量11万トンにまで落ち込み、安楽死させられました。その後大豆生産の支援策や転作作物としての補助金などの影響もあり、2021年には、作付け面積14万6200ha、収穫量は、24万6500トンにまで、回復してきています（表5）。おもな大豆主産地は、北海道（4万2000ha、10万5400トン）、宮城県（1万1000ha、2万2200トン）、秋田県（8820ha、1万3900トン）となっています（表6）。

しかし、大豆の輸入量は、2021年には、322万4000トンと国内生産量の13倍に及んでいます。大豆の用途別消費量を見ると69.1％が製油用となっており、輸入大豆の7割が製油用、すなわち大豆油生産向けに輸入されていることになります。食品用には、99万8000トンの大豆が消費されていますが、そのうち国産大豆は、国内生産量24万余りが使われており、食品向けの24.7％しか国産大豆のシェアはないことになります。また、米国産大豆の遺伝子組み換え大豆の比率は高く、表示での選択も難しくなっています。

5　野菜

野菜生産も厳しさを増しています。日本の野菜生産の2020年の作付け面積は、キャベツが第一位で3万4000ha、第二位が大根で2万9800ha、第三位が玉ねぎで2万5500ha、第四位がスイートコーンで2万2400ha。以下、ネギで2万2000ha、レタスで2万700ha、ほうれん草で1万9600ha。にんじん1万6800ha、白菜1万6600ha、ブロッコリー1万6600haと続きます。しかし、2016年と比較すると玉ねぎとキャベツが作付け面積を維持していますが、唯一作付け面積を増やしているブロッコリーを除いて、軒並み作付け面積を減らしています（表7）。

野菜生産に従事している経営体数も2015年と2020年を比較すると、この5年間、トマトで2015年の8万1044経営体から2020年の4万6653経営体へと2015年の57.5％の水準にまで減少しています。同様になすで48.9％、きゅうりで52.4％、キャベツで53.2％、白菜で43.6%、ほうれん草で53.4%、ネギで52.3%、玉ねぎで52.9%、大根で44%、レタスで59.6%など軒並み経営体数が減少しています（表8）。

野菜は、産地リレーで消費地に恒常的に野菜が届くように生産されています。おもな品目ごとに2020年の産地移動の実態を見てみましょう。

大根

春（4～6月）

千葉5万8000 t　青森1万8800 t　長崎1万7400 t

夏（7～9月）

北海道11万3900 t　青森6万4800 t　岩手1万1200 t

秋冬（10～3月）

表7　主要野菜の生産量、出荷量、産出額

年産	レタス				ねぎ			
	作付面積 (ha)	収穫量 (t)	出荷量 (t)	産出額 (億円)	作付面積 (ha)	収穫量 (t)	出荷量 (t)	産出額 (億円)
2016	21,600	585,700	555,200	693	22,600	464,800	375,600	1,709
2017	21,800	583,200	542,300	1,018	22,600	458,800	374,400	1,657
2018	21,700	585,600	553,200	778	22,400	452,900	370,300	1,466
2019	21,200	578,100	545,600	764	22,400	465,300	382,500	1,329
2020	20,700	563,900	531,600	741	22,000	441,100	364,100	1,545

年度	だいこん				はくさい			
	作付面積 (ha)	収穫量 (t)	出荷量 (t)	産出額 (億円)	作付面積 (ha)	収穫量 (t)	出荷量 (t)	産出額 (億円)
2016	32,300	1,362,000	1,105,000	1,213	17,300	888,700	715,800	698
2017	32,000	1,325,000	1,087,000	1,118	17,200	880,900	726,800	706
2018	31,400	1,328,000	1,089,000	818	17,000	889,900	734,400	424
2019	30,900	1,300,000	1,073,000	772	16,700	874,800	726,500	422
2020	29,800	1,254,000	1,035,000	795	16,600	892,300	741,100	475

年度	にんじん				キャベツ			
	作付面積 (ha)	収穫量 (t)	出荷量 (t)	産出額 (億円)	作付面積 (ha)	収穫量 (t)	出荷量 (t)	産出額 (億円)
2016	17,800	566,800	502,800	763	34,600	1,446,000	1,298,000	1,284
2017	17,900	596,500	533,700	627	34,800	1,428,000	1,280,000	1,244
2018	17,200	574,700	512,500	608	34,600	1,467,000	1,319,000	1,039
2019	17,000	594,900	533,800	467	34,600	1,472,000	1,325,000	913
2020	16,800	585,900	525,900	578	34,000	1,434,000	1,293,000	1,044

年産	スイートコーン				たまねぎ			
	作付面積 (ha)	収穫量 (t)	出荷量 (t)	産出額 (億円)	作付面積 (ha)	収穫量 (t)	出荷量 (t)	産出額 (億円)
2016	24,000	196,200	150,700	359	25,800	1,243,000	1,107,000	1,083
2017	22,700	231,700	186,300	342	25,600	1,228,000	1,099,000	961
2018	23,100	217,600	174,400	362	26,200	1,155,000	1,042,000	1,037
2019	23,000	239,000	195,000	361	25,900	1,334,000	1,211,000	917
2020	22,400	234,700	192,600	382	25,500	1,357,000	1,218,000	958

年産	ほうれんそう				ブロッコリー			
	作付面積 (ha)	収穫量 (t)	出荷量 (t)	産出額 (億円)	作付面積 (ha)	収穫量 (t)	出荷量 (t)	産出額 (億円)
2016	20,700	247,300	207,300	1,068	14,600	142,300	127,900	502
2017	20,500	228,100	193,300	1,113	14,900	144,600	130,200	511
2018	20,300	228,300	194,800	878	15,400	153,800	138,900	485
2019	19,900	217,800	184,900	856	16,000	169,500	153,700	488
2020	19,600	213,900	182,700	837	16,600	174,500	158,200	512

［出所］農林水産省「野菜生産出荷統計」、および「生産農業所得統計」

表８　主要野菜の作物別作付経営体数

（単位：経営体）

区分	トマト	なす	きゅうり	キャベツ	はくさい	ほうれんそう	ねぎ	たまねぎ
2015年	81,044	86,591	86,244	91,731	108,604	78,335	91,917	82,705
2020年	46,653	42,366	45,201	48,824	47,459	41,871	49,674	43,802

区分	だいこん	にんじん	さといも	レタス	ピーマン	すいか	いちご
2015年	121,585	53,865	72,766	33,700	39,707	30,666	23,470
2020年	53,558	26,964	37,137	20,113	20,146	14,248	16,260

［出所］農林水産省「農林業センサス」

千葉８万 9300 ｔ　鹿児島７万 3100 ｔ　神奈川　６万 8900 ｔ

にんじん

春夏（４月～７月）

徳島４万 9500 ｔ　青森２万 2100 ｔ　千葉２万 1600 ｔ

秋（８～ 10 月）

北海道 17 万 7100 ｔ　青森１万ｔ

冬（11 ～３月）

千葉８万 3800 ｔ　長崎１万 9800 ｔ　愛知１万 8500 ｔ

キャベツ

春（４～６月）

愛知６万 2500 ｔ　千葉５万 6000 ｔ　茨城４万 4700 ｔ

夏秋（７～ 10 月）

群馬 24 万 4100 ｔ　長野５万 6700 ｔ　北海道４万 5400 ｔ

冬（11 ～３月）

愛知 19 万 9600 ｔ　千葉６万 400 ｔ　鹿児島５万 2500 ｔ

ねぎ

春（4～6月）

千葉1万8700ｔ　茨城1万5600ｔ　埼玉6000ｔ

夏（7～9月）

茨城1万4600ｔ　北海道1万1000ｔ　千葉8220ｔ

秋冬（10～3月）

埼玉3万8600ｔ　千葉3万ｔ　茨城1万8600ｔ

白菜

春（4～6月）

茨城5万1000ｔ　長野2万3100ｔ　長崎1万2900ｔ

夏（7～9月）

長野13万7000ｔ　北海道1万3700ｔ　群馬8940t

秋冬（10～3月）

茨城19万2900ｔ　長野6万4100ｔ　埼玉2万2700ｔ

野菜は、スーパーに並ぶものだけでなく、加工向け、レストランなど外食産業への業務用に出荷されます。加工用、業務用に出荷されるおもな野菜についてその出荷比率（2020年）を紹介します。

大根　加工向け23.7％、業務用1.5％

にんじん　加工向け12.7％　業務用　0.8％

馬鈴薯　加工向け69.3％

キャベツ　加工向け12.3％　業務用5.8％

レタス　加工向け7.3％　業務用6.2％

たまねぎ　加工向け19.2％　業務用1.6％

このように、加工向け、外食産業への業務用向けの野菜需要は高いものですが、実は輸入野菜が、この加工用・業務用需要に大きな役割を果たしています。

主要野菜の輸入比率を2020年の国産野菜出荷量対比で見ると、たまねぎ18%、ネギ14.4%、キャベツ2.5%、ごぼう36.4%などとなります。輸入先は、ほとんどが中国となります。とくに中国産たまねぎは、ムキ玉と言われ、外側の皮を剥いた形で輸入されており、外食産業向けのたまねぎとして利用されています。輸入野菜は価格が国産野菜に比して安く、激しい価格競争をしている外食産業でコスト削減の形で利用されています。中国産ネギもネギを多用するラーメン店でも価格が安く利用されています。九条ネギをうたっているラーメン店で中国産ネギが使われていたことは有名な話です。また、ごぼうの輸入も増えてきていますが、和食の材料やごぼうサラダの原料として利用されています。問題は、日本の輸入検疫で検査率がわずか8.4%と91.6%が無検査で輸入されているということです。残留農薬違反の中国産たまねぎが輸入され、そのまま加工されてしまったという事例が後を断ちません。

６　果樹

果樹生産もその栽培面積も生産に従事している経営体数も減少しています。その実態を見てみましょう。

●軒並み栽培経営体数は減少

果樹生産に従事している栽培経営体数は、2020年と2015年と比較すると、温州みかんで27.9%減、りんごで20%減、ぶどうで16%減、日本なしで25%減、柿で33%減、桃で23%減、栗で41%減、梅で43%減と軒並み減少しており、とくに梅と栗では激減しています（表９）。

●栽培面積も減少の一途

栽培面積では、2021年の栽培面積と2017年比を見てみましょう。

みかん3万8900ha（90.8％）、りんご3万6800ha（96.5％）、日本なし1万700ha（88.4％）、柿1万8600ha（91.6％）、桃1万100ha（97.1％）、梅1万4500ha（91.1％）、ぶどう1万7700ha（98.3％）、栗1万7400ha（90.1％）。このように栽培面積もこの4年間で10％前後の減少となっています（表10）。

表9　主要果樹の品目別栽培経営体数

（単位：経営体）

区分	温州みかん	その他のかんきつ類	りんご	ぶどう	日本なし	西洋なし	もも	おうとう
2015年	50,812	36,770	39,680	32,169	18,177	5,703	24,146	12,216
2020年	36,797	29,064	31,821	27,115	13,768	4,329	18,695	9,889

区分	びわ	かき	くり	うめ	すもも	キウイフルーツ	パインアップル
2015年	3,321	36,197	22,076	22,156	8,685	8,605	402
2020年	1,939	24,499	13,077	12,584	5,719	5,847	312

［出所］農林水産省「農林業センサス」

表10　主要果樹の栽培面積

（単位：ha）

年度	みかん	りんご	日本なし	かき	うめ	ぶどう	くり	もも
2017年	42,800	38,100	12,100	20,300	15,900	18,000	19,300	10,400
2018年	41,800	37,700	11,700	19,700	15,600	17,900	18,900	10,400
2019年	40,800	37,400	11,400	19,400	15,200	17,800	18,400	10,300
2020年	39,800	37,100	11,000	19,000	14,800	17,800	17,900	10,100
2021年	38,900	36,800	10,700	18,600	14,500	17,700	17,400	10,100

［出所］農林水産省「耕地及び作付面積統計」、「果樹生産出荷統計」、「生産農業所得統計」

●果実の食料自給率は 2022 年度で 39%。その下落原因は牛肉・オレンジの自由化

果実の自給率は、2022 年度で 39%と 1985 年の 70%と比較すると激減しています。一体なぜこのように激減したのでしょうか。それは、牛肉・オレンジの自由化によるオレンジ果汁の自由化で、オレンジ果汁の輸入の急増とりんご果汁の輸入の急増で果実果汁の輸入が急増し、果実の自給率を引き下げたからです。これにとどまらず、ブドウやりんご、さらに温州みかんの輸入も増え、スーパー店頭に並び始めており、国内の果樹生産も正念場を迎えつつあります。

7　酪農

日本の酪農は、加工原料乳（バター、チーズ、脱脂粉乳など）生産を主体とする北海道酪農と飲用乳（牛乳など）生産を主体とする都府県酪農とに分かれています。価格制度も加工原料乳は、加工原料乳生産者補給金制度によって支えられているのに対して、飲用乳は、乳業メーカーと生産者との価格交渉によって決まるなど仕組みが異なっています。

全国の乳用牛頭数は、2022 年に 137 万 1000 頭となっており、2018 年の 132 万 8000 頭から 4 年間で 4 万 3000 頭増加しています。しかし、酪農家の戸数は、全国で 1 万 5700 戸から 1 万 3300 戸へと 2400 戸減少（15.3%減）しました。そのため、1 戸当りの飼養頭数は、2018 年の 84.6 頭から 2022 年には 103.1 頭まで拡大しました（表 11）。

乳用牛のおもな県別頭数は、北海道 84 万 6000 頭（シェア 61.7%）、栃木 5 万 5000 頭（同 4 %）、熊本 4 万 4000 頭（同 3.2%）、岩手 4 万頭（同 2.9%）、群馬 3 万 4000 頭（同 2.4%）、千葉 2 万 8000 頭（同 2 %）となっていますが、圧倒的に北海道に乳用牛が集中していることがわかります（表 12）。酪農家の戸数も北海道が 5560 戸と全体の 41.8%を占めています。乳用牛の酪農家の飼養規模はどうなのでしょうか。全国の最も多い飼養規模は酪農家

表11　乳用牛の飼養戸数・飼養頭数

年次	飼養戸数	飼養頭数						1戸あたり飼養頭数
		合計	成畜（2歳以上）				子畜（2歳未満の未経産牛）	
			計	経産牛				
				小計	搾乳牛	乾乳牛		
	(戸)	(千頭)	(千頭)	(千頭)	(千頭)	(千頭)	(千頭)	(頭)
2018年	15,700	1,328	907	847	731	116	421	84.6
2019年	15,000	1,332	901	839	730	110	431	88.8
2020年	14,400	1,352	900	839	715	124	152	93.9
2021年	13,800	1,356	910	849	726	123	446	98.3
2022年	13,300	1,371	924	862	737	125	447	103.1

［出所］農林水産省「畜産統計」

1戸あたり30頭から49頭の規模で、全国の23.4％を占めています。200頭以上の大規模酪農家は、全国で669戸ありますが、うち北海道が429戸で大規模酪農家の64.1％が北海道に存在しており、北海道酪農がいかに大規模化しているかわかります。北海道は欧州の酪農大国のドイツやフランスを凌駕する規模拡大を成し遂げたと評されているのです。

このような牛乳生産ですが、この間の輸入自由化で、加工原料乳が輸入自由化されており、その量は、国内生産量359万9000トンを上回る469万トンが輸入されています。この輸入が国内生産を圧迫しているのです。

酪農を理解するには、酪農の生産システムを理解する必要があります。牛乳生産をするためには、乳牛が妊娠しなければなりません。雌牛が妊娠出産することによって、雌牛から生乳が出るのです。出産する子牛は、基本は、雄牛と雌牛が1対1です（最近は、受精技術で、その比率を雌牛が高くなるようにしていますが）。雄の子牛は、ぬれっ子と言われ、牛乳生産ができませんから、雄の子牛を育成して肉牛にする農家（肥育農家）に販売します。この雄子牛の販売収入が、酪農家の副産物収入であり、貴重な収入になります。酪農家の副産物収入は、これだけでなく、乳牛が高齢化し乳量が減ってきた場合は、エサ代をかけても収入がマイナスになるので、

表 12　都道府県別の乳用牛・肉用牛の飼育戸数・頭数

(2022 年)

	乳用牛		肉用牛		
	飼養戸数（戸）	飼養頭数（千頭）	飼養戸数（戸）	飼養頭数（千頭）	乳用種（千頭）
全国	13,300	1,371	40,400	2,614	802
北海道	5,560	846	2,240	553	352
青森	156	12	763	55	24
岩手	765	40	3,650	89	18
宮城	430	18	2,690	80	10
秋田	82	4	681	19	1
山形	200	12	581	42	1
福島	263	12	1,650	49	10
茨城	292	24	442	49	19
栃木	615	55	799	84	41
群馬	412	34	502	57	25
埼玉	162	8	136	18	6
千葉	453	28	247	41	30
東京	45	1	18	1	×
神奈川	142	5	58	5	3
新潟	155	6	178	11	6
富山	34	2	30	4	1
石川	42	3	76	4	0
福井	22	1	44	2	1
山梨	52	4	60	5	3
長野	258	14	343	21	5
岐阜	95	5	452	33	2
静岡	175	14	110	20	12
愛知	247	21	340	42	30
三重	32	7	148	30	4
滋賀	42	3	89	21	4
京都	46	4	67	5	0
大阪	24	1	9	1	0
兵庫	232	13	1,140	56	8
奈良	39	3	41	4	0
和歌山	9	1	47	3	0
鳥取	109	9	257	21	8
島根	86	11	746	33	7
岡山	207	17	406	35	20
広島	121	9	460	26	12
山口	54	2	350	15	3
徳島	81	4	170	23	13
香川	61	5	159	22	13
愛媛	88	5	154	10	5
高知	44	3	135	6	1
福岡	183	12	169	23	8
佐賀	39	2	532	53	1
長崎	132	7	2,180	88	15
熊本	494	44	2,170	134	29
大分	98	13	1,050	52	11
宮崎	209	14	4,940	255	26
鹿児島	147	13	6,690	338	15
沖縄	65	4	2,170	78	0

［出所］令和 4 年（2022 年）版「農林水産統計」

廃用牛として肉牛として販売されます。これも副産物収入になります。

ですから、酪農家は、生乳販売代金とこの副産物収入で経営を維持しているわけです。

酪農家が、安定してこの副産物収入を得ることができれば問題はないのですが、この副産物収入は、牛肉・オレンジの自由化による米国からの安い牛肉の流入で、牛肉価格の下落を招き、その結果、子牛価格の下落となり、打撃を受けることになりました。また、この間の飼料価格の高騰で、肥育農家の経営が困難になり、子牛を買い取らないとの事態にも直面し、酪農経営を直撃しています。このように副産物収入も牛肉の輸入自由化や飼料価格の高騰でマイナスの影響を受けるのです。

8　肉用牛

肉用牛というと黒毛和牛を想起しますが、実際は、和牛だけでなく、乳用種（オスのホルスタイン牛）も含まれています。高級な黒毛和牛肉はなかなか庶民には手に入りませんが、スーパーなどで販売されている国産牛肉は、乳用種の牛肉です。しかし、この乳用種の牛肉は、牛肉の輸入自由化に伴って急増している輸入牛肉と価格的に競合しており、厳しい状況となっています。

肉用牛飼養戸数は、2018年の4万8300戸から2022年には4万400戸と16.4％減少しました。肉用牛の飼育形態は、1～4頭の飼養規模が9020戸と全体の22.3％を占める最も多い戸数となります。中山間地域で高齢者が1～4頭飼育している肉牛経営が主体で、黒毛和牛の雌牛を飼育し、子牛を販売する経営が主となっています。一方、飼養頭数は、251万4000頭から261万4000頭と3.9％増加しました。その結果、1戸当たりの飼養頭数は、52頭から64.7頭へと増加しました。現に1～4頭の飼養規模の零細飼育経営戸数は、2018年の1万2400戸から2022年には、9020戸と26.3％も減少し、一方、500頭以上の大規模経営は、769戸から

表13　肉用牛の飼養戸数・飼養頭数

年次	飼養戸数		飼養頭数						1戸あたり飼養頭数
		乳用種のいる戸数	計	肉用種				乳用種	
				めす		おす			
				小計	2歳以上	小計	2歳以上		
	(戸)	(戸)	(千頭)	(千頭)	(千頭)	(千頭)	(千頭)	(千頭)	(頭)
2018年	48,300	4,850	2,514	1,091	651	610	106	813	52.0
2019年	46,300	4,670	2,503	1,114	655	620	103	769	54.4
2020年	43,900	4,560	2,555	1,138	655	654	105	763	58.2
2021年	42,100	4,390	2,605	1,162	662	667	108	776	61.9
2022年	40,400	4,270	2,614	1,158	681	654	120	802	64.7

(注) 各年2月1日現在。また乳用種の数値には交雑種を含む。
［出所］令和4年（2022年）版「農林水産統計」

783戸と増加しています（表13)。この零細経営の大幅減少は、和牛経営者の高齢化や牛肉の輸入自由化による経営環境の悪化に伴う将来展望が見通せないなかで、零細経営の継続が困難になっていることが反映しています。

肉用牛の飼養頭数のおもな都道府県は、北海道55万3000頭（うち63％が乳用種)、鹿児島33万8000頭、宮崎25万5000頭、熊本13万4000頭、岩手8万9000頭となっています。飼養戸数は、鹿児島6690戸、宮崎4940戸、岩手3650戸、宮城2690戸、北海道2240戸となっています（前出表12)。北海道は、乳用種を主体とする1戸当たり246頭の規模の大きい肉用牛肥育経営で、鹿児島、宮崎は、1戸当たり50頭の和牛経営、岩手は、1戸当たり24頭の比較的に規模の小さい和牛経営であることがわかります。

9　養豚

養豚は、肉用牛経営と比較するとその飼養規模の大きさが際立ちます。

飼養頭数は、2018年の918万9000頭から2022年には894万9000頭と2.7%減少しています。養豚農家数は、2018年の4470戸から2022年には3590戸と20%減少しました。しかし、1戸当たりの平均飼養頭数は、2018年の2055頭から2022年には2492頭と21.2%増加しました。2000頭以上の経営規模を持つ大規模養豚経営は、全体の27.7%を占めています。

このような大規模養豚経営は、排泄物の処理などに多大なコストを抱えるなど厳しい経営環境に置かれています。

おもな都道府県の飼養頭数は、鹿児島119万9000頭、宮崎76万4000頭、北海道72万8000頭、群馬60万5000頭、千葉58万3000頭などとなります（表14）。養豚は大規模経営が主体ですが、そのなかでも北海道が1戸当たり3586頭、群馬が同3270頭、千葉が同2711頭と全国平均を上回る大規模経営となっています。

10　採卵鶏・ブロイラー

採卵鶏は、卵を産むことを専用とされる鶏です。飼養戸数は、2022年全国で1880戸しかなく企業的経営が主体となっています。2018年から2022年までに18%減少しています。飼養羽数は、2022年で1億8009万6000羽となっており、日本の人口より多くなっています。1戸あたりの飼養羽数養鶏は、2018年の6万3200羽から2022年7万5900羽と大規模化が進展しています。50万羽以上を飼育している経営体は50戸にも及びます。

このような大規模経営は、鶏を密集させてケージ内で飼育する形態で、日本の養鶏基準が、まったく「アニマルウェルフェア（動物福祉）」を考慮していないものです。日本の大手養鶏は高密度の「ケージ」（「バタリーケージ」）飼育で、さらに感染症対策での窓の無いブライドレス鶏舎のもと薄暗いなかで飼育されています。幅60センチ奥行き40センチのケージのなかに10羽の鶏が押し込められ、すし詰めで踏み締める土もない飼育です。

表 14　都道府県別の主要家畜の飼養戸数・頭羽数（豚・鶏）

（2022 年）

	豚		鶏			
			採卵鶏		ブロイラー	
	飼養戸数（戸）	飼養頭数（千頭）	飼養戸数（戸）	飼養羽数（千羽）	飼養戸数（戸）	飼養羽数（千羽）
全国	3,590	8,949	1,810	180,096	2,100	139,230
北海道	203	728	56	6,453	9	5,180
青森	60	359	25	6,497	63	8,058
岩手	86	492	21	5,149	280	21,095
宮城	94	187	38	3,947	37	1,958
秋田	66	260	15	2,209	1	×
山形	74	185	12	468	15	×
福島	55	122	44	5,882	35	841
茨城	264	421	101	15,142	40	1,435
栃木	92	356	42	6,103	10	×
群馬	185	605	53	8,968	27	1,562
埼玉	66	76	61	4,294	1	×
千葉	215	583	103	12,837	25	1,671
東京	9	2	12	76	—	—
神奈川	41	61	41	1,206	—	—
新潟	92	167	37	6,304	9	×
富山	14	22	17	831	—	—
石川	12	18	11	1,268	—	—
福井	3	1	12	771	2	×
山梨	14	11	22	585	8	351
長野	51	56	18	538	17	670
岐阜	27	90	49	4,945	15	1,011
静岡	80	95	42	5,496	25	996
愛知	142	306	121	9,750	11	997
三重	43	85	70	6,429	10	706
滋賀	5	4	16	255	2	×
京都	9	13	25	1,655	11	593
大阪	5	2	11	42	—	—
兵庫	19	18	41	5,571	50	2,120
奈良	8	4	23	307	2	×
和歌山	7	2	20	300	16	239
鳥取	16	60	8	261	10	3,111
島根	5	36	15	939	3	396
岡山	20	47	62	9,323	17	2,842
広島	24	138	43	9,926	8	731
山口	8	33	14	1,778	256	1,552
徳島	20	47	17	831	146	4,254
香川	22	31	52	5,310	33	2,500
愛媛	74	192	37	2,275	25	817
高知	15	24	11	260	8	471
福岡	43	82	64	3,244	38	1,444
佐賀	34	83	24	267	63	3,637
長崎	79	196	56	1,798	50	3,117
熊本	146	339	38	2,493	67	3,848
大分	38	137	18	1,067	51	2,291
宮崎	335	764	54	2,768	446	27,599
鹿児島	452	1,199	103	11,731	378	28,090
沖縄	219	212	38	1,547	14	685

(注)採卵鶏は1000羽未満の飼養者を、またブロイラーは年間出荷羽数3000羽未満の飼養者を含まない。

［出所］令和4年（2022年）版「農林水産統計」

世界的にもアニマルウエルフェア（動物福祉）の観点で批判されています。これを受けて日本国内でも平飼いの経営をする動きが広がっています。

これに対して、EU は、工場的畜産システムを反省し、アニマルウェルフェアを柱とする畜産政策を進め、2012 年には「バタリーケージ」を廃止しました。ルクセンブルクでは鶏の卵は 100％ケージフリーの卵、ドイツ、スウェーデン、オーストリアでも９割以上がケージフリーの卵です。

飼養羽数の都道府県別を見ると、茨城 1514 万 2000 羽、千葉 1283 万 7000 羽、鹿児島 1173 万 1000 羽、広島 992 万 6000 羽、愛知 975 万羽となっています（前出表 14)。

ブロイラーは、肉用の鶏で採卵鶏と同じ飼養構造を持っています。全国の飼養戸数は、2022 年は 2150 戸で、2018 年から５％減少しています。規模別に見てみると、30 万～ 49 万 9999 羽が 370 戸で 2018 年から 9.4％増、50 万羽以上が 313 戸で 15％増となっており、大規模経営が増えていることがわかります。全国のブロイラーの飼養羽数は、2022 年で 1 億 3923 万羽に及んでいます。

都道府県別に見てみると、鹿児島 2809 万羽、宮崎 2759 万 9000 羽、岩手 2109 万 5000 羽、青森 805 万 5000 羽、北海道 518 万羽となっています（前出表 14)。

採卵鶏やブロイラーの大規模経営を直撃しているのが、渡り鳥によってもたらされる鳥インフルエンザです。一度、鶏舎に鳥インフルエンザウイルスが侵入すると、大規模鶏舎で飼育されている鶏はすべて埋却処分されます。もちろん補償はなされますが、経営を再開するまで長期間かかり、多大な害を被ることになります。経営再開できず、廃業に追い込まれる事例もあります。このようななかで、大規模経営一辺倒の経営のあり方が見直される事態となっています。

11　飼料生産

日本の飼料自給率は、25％（2021年）であり、日本のカロリーベース食料自給率38％の世界的にも低い水準の最大の原因となっています。元をただすと、1961年の農業基本法で選択的拡大政策をとり、酪農・畜産の拡大を推し進めた際に、飼料を米国産とうもろこしの輸入を前提としたために、酪農畜産生産の拡大とともに飼料自給率は急速に下がりました。現在、飼料自給率の引き上げに取り組み始めていますが、現在の飼料生産の現状を見ていきます。

酪農畜産で使用される飼料は、濃厚飼料と粗飼料とで給与されています。濃厚飼料とは、とうもろこし、大麦、小麦、米などの穀物の種部、大豆などの豆類、また油を絞った後の油かすなどが多く利用され、特にタンパク質が多い飼料です。粗飼料は、生草、サイレージ（青刈りした飼料作物を乳酸発酵させたエサ）、乾草、わら類などを指します。牛などにとって粗飼料は反芻胃の機能を維持するために不可欠であり、主要なエネルギー、栄養素補給源となります。

飼料自給率は25％ですが、粗飼料自給率は76％となっています。そして濃厚飼料自給率は13％とほとんど日本では自給できておらず、輸入に依存しています。

日本の飼料用作物の生産状況は、牧草は、2017年作付け面積72万8000ha収穫量2549万7000トンであったのに対して2021年は作付け面積71万8000ha収穫量2397万9000haと作付け面積も収穫量も減少しています。青刈りとうもろこしは、2017年作付け面積9万5000ha・収穫量478万2000トン、2021年作付け面積9万6000ha・収穫量490万4000トンと作付け面積収穫量も微増となっています（表15）。

牧草の都道府県別生産面積は、北海道52万9700ha（全国の73.7％）、岩手3万5400ha（同4.9％）、鹿児島1万8600ha（同2.5％）、宮崎1万5600ha

表 15　おもな飼料用作物の栽培面積と収穫量

年産	牧草		青刈りとうもろこし		ソルゴー	
	作付〔栽培〕面積（千 ha）	収穫量（千 t）	作付面積（千 ha）	収穫量（千 t）	作付面積（千 ha）	収穫量（千 t）
2017 年	728	25,497	95	4,782	14	665
2018 年	726	24,621	95	4,488	14	618
2019 年	724	24,850	95	4,841	13	578
2020 年	719	24,244	95	4,718	13	538
2021 年	718	23,979	96	4,904	13	514

［出所］農林水産省「作物統計」

（同 2.1%）と北海道で全国の 7 割を生産していることがわかります。青刈りとうもろこしについても生産面積は、北海道 5 万 8000ha と全国の 60% を占めています（表 16）。

12　自然界最大の発ガン物質アフラトキシンに汚染されている輸入飼料

日本は、2021 年に飼料用とうもろこしを 1144 万 7087 トン輸入し、調整飼料用大豆油粕を 173 万 453 トン輸入していますが、この飼料用とうもろこしの自然界最大の発ガン物質アフラトキシン汚染の問題が、地球温暖化のなかで重大な問題となっています。この問題について見ていきます。

カビ毒として最も人類に脅威を与えているのが、自然界で最強の発ガン性を持っているアフラトキシンです。

アフラトキシンを生産するカビは、アスペルギルス・フラバスで、熱帯から亜熱帯地方で広範囲に分布しており、高温多湿の環境下で繁殖し、様ざまな食品をアフラトキシンで汚染します。

おもな汚染食品は、トウモロコシ、コメ、小麦、大麦、そば、ピーナッツ、アーモンド、ピスタチオ、大豆、リンゴ、コーヒー豆、カカオ豆、香

表 16　都道府県別の主要飼料作物の収穫量

(2021 年産)

都道府県	牧草		青刈りとうもろこし	
	作付〔栽培〕面積（ha）	収穫量（ｔ）	作付面積（ha）	収穫量（ｔ）
全国	717,600	23,979,000	95,500	4,904,000
北海道	529,700	16,686,000	58,000	3,173,000
青森	—	—	—	—
岩手	35,400	934,600	5,000	209,000
宮城	—	—	—	—
秋田	—	—	—	—
山形	—	—	—	—
福島	—	—	—	—
茨城	1,430	64,500	2,480	130,700
栃木	7,490	265,900	5,200	253,800
群馬	2,620	99,300	2,470	119,500
埼玉	—	—	—	—
千葉	949	32,800	946	43,400
東京	—	—	—	—
神奈川	—	—	—	—
新潟	—	—	—	—
富山	—	—	—	—
石川	—	—	—	—
福井	—	—	—	—
山梨	—	—	—	—
長野	—	—	—	—
岐阜	—	—	—	—
静岡	—	—	—	—
愛知	688	22,200	178	6,510
三重	—	—	—	—
滋賀	—	—	—	—
京都	—	—	—	—
大阪	—	—	—	—
兵庫	901	31,700	141	4,330
奈良	—	—	—	—
和歌山	—	—	—	—
鳥取	—	—	—	—
島根	1,370	41,800	48	1,510
岡山	—	—	—	—
広島	—	—	—	—
山口	1,140	24,400	8	213
徳島	—	—	—	—
香川	—	—	—	—
愛媛	—	—	—	—
高知	—	—	—	—
福岡	—	—	—	—
佐賀	903	29,300	9	167
長崎	5,770	286,800	430	18,600
熊本	14,400	563,000	3,060	129,700
大分	5,070	219,500	645	27,700
宮崎	15,600	918,800	4,700	205,400
鹿児島	18,600	1,118,000	1,600	72,200
沖縄	5,840	654,100	1	32

［出所］令和 4 年（2022 年）版「農林水産統計」

辛料、乾燥果実、家畜飼料原料などですが、アフラトキシンは、120℃以下の加熱では、ほとんど分解しないので、加熱調理でも残存し、そのため、バターピーナッツ、パスタ、焙煎コーヒー豆、チョコレート製品などの加工品からも検出されることがあります。

アフラトキシンは、ヒトの肝がん原因のカビ毒で、国際がん研究機関も人に対する発がん性が認められる化学物質として、世界中で厳しく規制されています。アフラトキシンは、アフラトキシンB1、アフラトキシンB2、アフラトキシンG1、アフラトキシンG2の4種類ありますが、そのなかで最も強い毒性を有しているのが、アフラトキシンB1で、当初、日本においても、全食品に10ppb（= parts per billion。1ppbは0.0000001%）の規制値が設定されていましたが、B1以外のアフラトキシン汚染も無視できないことが判明し、2011年度からアフラトキシンB1、B2、G1、G2の合計量で10ppbの規制値を設定しました。

食料自給率38%で、7割近くを輸入食料に依存している日本にとってこのアフラトキシン汚染は、今後一層脅威になることが想定されています。それは地球温暖化による影響です。地球温暖化で熱帯、亜熱帯地域のみならず、それ以外の地域でも気温が上がれば、アフラトキシンを産生するカビのアスペルギルス・フラバスの発生は一層進み、農作物のアフラトキシン汚染も広がる怖れがあります。さらに、地球温暖化による台風の大型化で、米国の穀倉地帯が水没することによって、広範囲なアフラトキシンによる汚染が危惧されています。現に、過去にも2005年の大型ハリケーンカトリーナによって米国南部が広範囲に水没したことによって、トウモロコシの穀倉地帯のアフラトキシン汚染が広がり、日本に輸入されたトウモロコシのアフラトキシン汚染が高い状況が続きました。

アフラトキシン汚染は、トウモロコシなどの穀物、落花生、アーモンドなどの種実に限りません。牛乳や乳製品もアフラトキシンに汚染されるのです。それがアフラトキシンM1（AFM1）による汚染です。

乳牛などが、アフラトキシンB1（AFB1）などに汚染されたトウモロコシなどの飼料を食べ、体内に取り込んだ場合、そのアフラトキシンB1が牛の肝臓で代謝され、牛の体内でアフラトキシンM1になり、それが乳とともに排出されることになります。

アフラトキシンM1は、その毒性は、最強の発がん物質のアフラトキシンB1の10分の1であり､極めて強いものです。食品安全委員会も「AFM1は、AFB1と同様に肝臓を主な標的として毒性や発がん性を示す」「IARCでは、AFM1はヒトに対しても発がん性を有する可能性があると評価されている」「従って、AFM1については、遺伝毒性が関与する発がん物質である十分な証拠があり、発がん物質としてのリスク評価が適切であると判断された」（2013年3月食品安全委員会カビ毒評価書）として規制をかける必要性を認め、そして厚生労働省は、2016年1月から乳に含まれるアフラトキシンM1を0.5 μg/kg（1μg〔マイクログラム〕=0.000001g）を超えてはならないとの規制をはじめました。

実は、この牛乳などのアフラトキシンM1汚染の問題は、相当前から問題視されていました。食品の国際的な規格基準を設定しているコーデックス委員会は、この問題を重視し、2001年に乳・乳製品中のアフラトキシンM1の残留基準値を0.5 μg/kgとしました。これに慌てたのが、厚生労働省でした。まったく、アフラトキシンM1に関心がなく、放置していたからでした。そこで、慌てて2001年12月から2002年1月にかけて全国的に流通している牛乳のアフラトキシンM1残留状況調査をしたのです。この調査で明らかになったのは、驚くべき結果でした。調査対象のほとんど全ての牛乳からアフラトキシンM1が検出されたのです。ただ、汚染レベルは、国際基準の0.2%～5.6%の範囲内であったので、この汚染レベルでは､「それによる肝臓がん発生はゼロに近い無視できる範囲内である」とされていました。しかし、日本の酪農は、米国からの飼料としての輸入トウモロコシ依存しており、その輸入トウモロコシは、アフラトキシンB1に汚染されており、その汚染度は、地球温暖化による気温の上昇や大型ハリケーンによる水害などで、年により大きく変動します。ですから、基準値の設定とその基準値に基づく絶えざる監視が必要であることは明らかでした。このことは、国会でも何度も取り上げられました。そして、国際基準設定から15年経ってやっと基準値が設定されたのです。

しかし、日本のアフラトキシンM1基準値は、EUに比べても緩いものです。EUでは、生乳について0.05 μg/kg、調製粉乳について0.025 μg/kg、乳幼児向け特殊医療目的の栄養食品について0.025 μg/kgとの基準値としており、日本の基準値の10倍から20倍厳しい基準値を設定しています。EUは、「AFM1の摂取量は合理的に達成可能な範囲でできる限り低くすべき」との立場を表明しています。

2010年度に日本で行われた乳児用調製粉乳のアフラトキシンM1汚染実態調査では、乳児用調製粉乳の粉末から0.177 μg/kgのアフラトキシンM1が検出されたのです。日本の基準では、流通が認められますが、EUの基準値では、流通が認められない汚染でした。また、2003年度に行われた生乳の調査でも0.043 μg/kgのアフラトキシンM1汚染が判明しており、これは、EU基準値でギリギリの汚染状況でした。やはり、EU並みの基準値を導入して、規制を強めるべきでしょう。

牛乳乳製品のアフラトキシンM1汚染の原因は、おもに米国から輸入される飼料用トウモロコシがアフラトキシンB1に汚染されていることによります。主食用のトウモロコシは、輸入時に10ppbを超えるアフラトキシン汚染が確認された場合は、廃棄ないし積み戻しとなり、日本に輸入されることはありません。

しかし、驚くべきことに、飼料用トウモロコシは、輸入時のアフラトキシン検査はなされていません。いくらアフラトキシンに汚染されていようと日本に輸入されるのです。政府は、配合飼料になった時にアフラトキシン検査をするので問題ないとしていますが、過去に、飼料用トウモロコシのアフラトキシンB1汚染は、70ppb（1989年）、81ppb（1998年）、68ppb（2002年）のように高濃度汚染していたことが明らかになっています。やはり、輸入時に検査をして、基準値を超えるものの輸入はストップすることが、安全な牛乳・乳製品を保証するものであると言えます。

第4章
これから日本農業はどうなるのか、どうしたらいいのか

1　先進国最低の日本の食料自給率がどのように日本国民生存への脅威となるか

地球温暖化による異常気象とロシアによるウクライナ侵略を原因とする世界的な食料危機が日本を直撃している時に、2020年度の食料自給率が8月に発表されました。2020年度の食料自給率（カロリーベース）は、2019年度より1ポイント上がった38%でした。しかし、この間の食料自給率は、2016年度が38%、2017年度が37%、2018年度が38%、2019年度が37%、そして2020年度が38%です。このように見てみると、ここ5年間は、38%から37%を行き来していることがわかり、要するに横ばい状態であり、抜本的な食料自給率引き上げには程遠い状態であることがわかります（図1）。

38%という極めて低い日本の食料自給率の水準は、世界的に見てみるとその異常性が際立ちます。2019年度での先進国の食料自給率は、アメリカ121%、カナダ233%、ドイツ84%、スペイン82%、フランス131%、イタリア58%、オランダ61%、スウェーデン81%、イギリス70%、スイス50%、オーストラリア169%、ノルウェー43%、韓国35%となっており、先進国で日本より食料自給率が低い国は韓国のみとなっています。

日本が食生活に不可欠な小麦、家畜の飼料、大豆などは、そのほとんど

図１　諸外国の食料自給率（カロリーベース）の推移

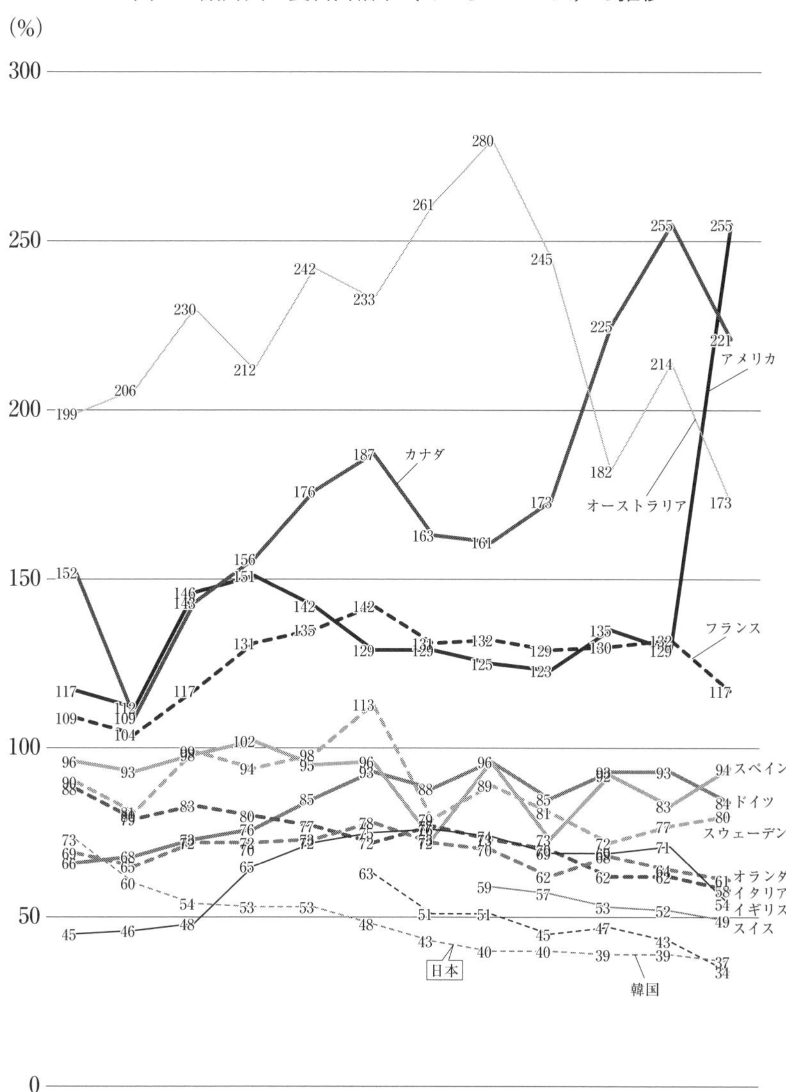

［出所］農林水産省「食料需給表」、FAO“Food Balamcu Sheets”などをもとに農林水産省で試算したもの

が輸入に依存しています。小麦の輸入ができなければ、パンやパスタ、うどん、お菓子の生産ができなくなります。輸入とうもろこしの輸入が途絶すれば、酪農も牛豚肉生産や鶏肉鶏卵生産も成り立たなくなります。大豆の輸入も大豆油や醤油、味噌の原料となっています。

食料自給率38％の下で、穀物や大豆および関連製品の輸入が途絶した場合で１人１日あたりの供給熱量が2000キロカロリーを下回った場合、私たちの食卓はどうなるのでしょうか。

それを描いているのが、農林水産省『不測時の食料安全保障マニュアル』(2002年) です。そこには、国内生産だけで、2020キロカロリーを供給する食事メニューが記載されています。

朝食は、茶碗１杯のご飯、ふかしジャガイモ２個、ぬか漬け１皿、昼食は焼き芋２本、ふかしジャガイモ１個、リンゴ４分の１個、夕食は、茶碗１杯のご飯、焼き芋11本、焼き魚一切れ、それに２日に１回１杯のうどんとみそ汁。３日に１回２パックの納豆。６日に１回コップ一杯の牛乳。７日に１回１個の卵。９日に１回108グラムの食肉。

この「不測時の食料安全保障マニュアル」で不測時とはどのような場面を想定しているのでしょうか。マニュアルでは、不測時を次のように規定しています。

我が国の食料の供給に影響を及ぼす不測の要因として、以下のものが想定されます。

（1）国内における要因

1　異常気象等による大不作

2　突発的な事件・事故等による農業生産や流通の混乱

3　安全性の観点から行う食品の販売等の規制

（2）海外における要因

1　主要生産国・輸出国における異常気象等による大不作

2　主要輸出国における港湾ストライキ等による輸送障害

3　地域紛争や突発的な事件・事故等による農業生産や貿易の混乱
4　主要輸出国における輸出規制
5　安全性の観点から行う食品に対する我が国の輸入規制

2022年から2023年の異常気象で、これまで見たように「主要生産国・輸出国における異常気象等による大不作」や国内の「異常気象等による大不作」、さらにロシアによるウクライナ侵略による「地域紛争や突発的な事件・事故等による農業生産や貿易の混乱」などまさに不測時の事態に直面しているとも言えます。その結果、食品価格の高騰が国民を直撃しています。

その原因は、繰り返しになりますが、北米における歴史上最大の熱波による小麦、大豆、菜種などの油糧種子の生産の大幅減少でした。この熱波は、地球温暖化による異常気象が原因と言われています。そして、今、ロシアによるウクライナ侵略で、世界的な小麦生産国であるウクライナからの小麦輸出が大幅削減となっています。これらの事態は、食料自給率38％の輸入に依存している日本を直撃しています。問題はより深刻です。今、世界的に水不足と干ばつが農業大国や発展途上国で広がり、飢餓や食料危機を招いており、日本にもその影響が広がっています。

問題はそれだけではありません。日本の食料安全保障の将来を規定するとも言われているのが、米国のオガララ帯水層の枯渇問題です。それは、日本の食料安全保障を揺らがそうとしています。オガララ帯水層は、北アメリカの大穀倉地帯（ロッキー山脈の東側と中央平原の間を南北に広がる台地上の大平原に位置する）の地下に分布する浅層地下水帯で、日本の国土面積を超える広さを持っています。

この帯水層に依拠している米国のカンザス地帯では、650万頭の肉牛が飼育され、270万トンの牛肉が生産され、日本にも米国産牛肉として輸入されています。牛肉1キロあたり6～20キロのトウモロコシなどの穀物が生育のため必要です。2億5000トンのトウモロコシなどの穀物生産のうち3分の1が肉牛生産に使われています。このトウモロコシなどの穀物生産には膨大な水が必要で、このカンザスの穀倉地帯はオガララ帯水層の地下水に頼って生産されています。しかし、このオガララ帯水層の地下水が枯渇しつつあることが明らかになっています。現在、この帯水層は、地表から100メートルの地点にありますが、この50年間で水位は60メートルも下がり、あと30メートルしかないとされています。そして、早ければあと10年でオガララ帯水層の地下水はなくなるとも言われ、遅くとも2050年〜2070年には枯渇すると推定されています。

東京大学大学院農学生命科学研究科教授・熊谷朝臣氏の研究発表「地下水資源から占う穀物生産の未来」でも「なんの改善もされることなく現在のオガララ帯水層からの取水ペースにより灌漑農業を続ければ、ハイプレーンズ南部域の穀物生産は崩壊し、それは世界の食糧安全保障にまで影響します」としています。

カンザス州、オクラホマ州、テキサス州、ニューメキシコ州をカバーしているオガララ帯水層が枯渇すれば、米国穀倉地帯でのトウモロコシなどの年間5000万トンの穀物生産が困難になり、日本の家畜の飼料とされている米国産トウモロコシの輸入が困難になります。それは、米国産輸入飼料に依存している日本の家畜生産や酪農生産が厳しくなることを意味しています。また、米国産牛肉や米国産豚肉の輸入も杜絶することになります。

現在の食料自給率を抜本的に引き上げなければ、将来の国民の食生活は暗いと言わざるを得ないでしょう。

2　日本農業と食料への脅威となる地球温暖化による異常気象の進展

今から27年前の1996年に私は、「地球温暖化で予測される食糧危機の襲来」との論文を執筆しました。このなかで、私は、「現在進行している短期の食糧危機、中国の食糧純輸入国への転換を契機とする2030年レベルの中期的な食糧危機、地球温暖化に起因する2100年レベルの長期的な食糧危機、それぞれについて見てきたが、それぞれが単独にあるのではなく、連続化しているのではないかという可能性は否定できない。例えば、現在の食糧危機について言えば、そのきっかけは中国の穀物輸出の中止と穀物の輸入の開始による穀物需給の逼迫化であり、また、異常気象による中国やアメリカでの歴史的な干ばつが、それに追い打ちをかけたわけである。地球温暖化は、2100年段階まで現象が現れないというものではなく、温暖化による水循環の活発化によって、今後も干ばつの異常な現れや、洪水の頻発化を招き、食糧生産に打撃を与えていくであろう。それは中期的な食糧危機に際しても、それを増幅させる役割を果たす」と指摘しました。

それが今まさに私たちの眼前に展開しているのです。

2022年10月から始まった食品の値上げラッシュが国民生活を直撃しています。輸入小麦は、10月から売り渡し価格が過去２番目の上げ幅の19%の値上げとなりました。これにより、食パン、パスタ、うどん、ラーメン、即席麺、小麦粉の値上げは必至となります。食用油は11月から４回目の値上げとなります。食用油の値上げの結果、マヨネーズも値上げとなります。また、マーガリンも10月から値上げ、コーヒー価格も10月から２割ほど値上げとなります。ミートショックと呼ばれる輸入牛肉高騰で小売りや外食に深刻な打撃となっています。また、夏の長雨の影響でレタス、白菜などの野菜価格も高騰しています。

これらの食品の値上げラッシュの背景に中国の穀物在庫の積み増しのための需要急増などの影響も指摘されています。しかし、見逃せないことは地球温暖化による異常気象の影響があることです。個々に見て行きましょう。

まず小麦です。小麦は、主産地がカナダ、米国、オーストラリアになっていますが、このうちカナダ、米国が2021年に歴史的な熱波に見舞われ、小麦生産に打撃を与えました。熱波は、６月下旬にカナダ西部、米国太平洋岸北西部を襲い、カナダ・ブリティッシュコロンビア州リットンでは、

6月29日に最高気温49.6℃を記録し、数百人の犠牲者を出しました。また、米国太平洋岸北西部のワシントン、オレゴン、アイダホ州でも高温を記録しました。この熱波について欧米の大学など27人の科学者による国際研究チームは「今回の熱波は人為的な気候変動がなければほぼ起こり得なかった」と指摘しています。これにより米国、カナダの小麦生産は次のように影響を受けたのです。「米国の北西部では日本が製菓用として使用するソフト・ホワイトを栽培しているが、6月から高温乾燥で作柄が悪化している。パンや中華麺用となるハード・レッド・スプリングが栽培されている中西部北部も同様だという。パン用に使用されるカナダ産のウェスタン・レッド・スプリングも作柄悪化が懸念されている。サスカチュアン州の小麦の生育状況を示す指標のひとつ、エクセレントの割合は今年は0％との評価だという。昨年の同時期には20％だった」と指摘します（10月8日付『農業協同組合新聞』）。この結果、国際的な小麦価格は高騰をし、その結果日本の小麦価格の値上げとなったのです。地球温暖化による異常気象で日本の小麦価格が値上げになったのでした。

次に食用油やマーガリンの値上げの要因になった大豆および菜種生産です。大豆生産第1位のブラジルは、100年ぶりとも言われる河川の船の航行が困難になるほどの水不足と干ばつに見舞われ、第2位の米国は、前述の熱波と干ばつによって打撃を受け、投機的資金の流入もあって、価格が高騰しました。菜種についても世界的な主産地であるカナダが前述の熱波の影響で生産が減少し、8年半ぶりの高値となりました。ここでも地球温暖化による異常気象が影響しています。

ブラジルの100年ぶりの水不足と干ばつは、コーヒー豆生産にも打撃を与えました。さらに大規模に発生した降霜被害が追い討ちをかけ、15万～20万haのコーヒー農地が被害を受けたとされています。これによりコーヒー豆先物価格が高騰し、日本のコーヒー価格も20％程の値上げとなったのです。

ミートショックとも言われている輸入牛肉の価格高騰も深刻です。米国産冷凍バラ肉で前年比８割高、８月の豪州産冷蔵肩ロースが前年同月比13％高となっています。このミートショックにも異常気象が影響を与えています。それは、2019年のオーストラリアの大干ばつです。2019年１～９月の豪州全体の降水量は1965年以来の低水準です。この干ばつで肉牛に必要な牧草の生育が進まず、小麦生産にも打撃を与えました。さらに、乾燥と高温で深刻な森林火災が大規模に広がり、コアラなどの野生動物の多くが死滅しました。この大干ばつによる牧草の生育障害で、オーストラリアでの牛の生産量が減少し、日本のオーストラリア産牛肉の輸入量は２割ほど減少し、このことにより輸入牛肉価格は高騰をはじめ、私たちの食卓を直撃しています。

IPCC第６次報告書は、「人為起源の気候変動は、世界中の全ての地域で、多くの気象及び気候の極端現象にすでに影響を及ぼしている」として、それは、「何世紀も何千年もの間、前例のなかったものである」と人類が歴史的な気候変動に直面していることを指摘しています。

グテーレス国連事務総長は、2023年７月27日に地球温暖化問題での記者会見で「地球沸騰化の時代が到来しました」との衝撃を与えるフレーズで、現在の地球温暖化の深刻さを指摘しました。全文を紹介します。

「人類は窮地に立たされています。本日（7月27日）、世界気象機関（WMO）と欧州委員会の気象情報機関『コペルニクス気候変動サービス』は、７月が人類史上最も暑い月となることを裏付ける公式データを発表しました。７月が最も暑い月であることを知るのに月末まで待つ必要はありません。今後数日でミニ氷河期が訪れなければ、７月の暑さは軒並み記録を破るでしょう。本日発表のデータによると、７月はすでに観測史上最も暑い３週間となっています。７月３日から５日までは史上最も暑い３日間でした。そしてこの時期の海水温は過去最高となりました。結果は明らかであり、悲劇的です。モンスーンの雨で子供たちが流されました。山火事が発生し、炎から逃げる一家もいます。灼熱の暑さの中で倒れる作業員もいます。北米、アジア、アフリカ、ヨーロッパの広大な地域で、残酷な夏となっています。地球全体にとって、この夏は災害です。そして科学者にとっては、その責任が人間にあることは明白です。こういったことは、これまで予測され、繰り返し警告されてきました。驚くのは、気候変動のスピードです。気候変動はすでに起こっています。恐ろしいことです。

そして、現在の気候変動はほんの始まりにすぎません。地球温暖化の時代は終わりました。地球沸騰化の時代が到来しました。もはや空気は呼吸するのに適していません。暑さは耐えがたいものです。そして、化石燃料で利益をあげて気候変動への無策は容認できないものです。リーダーたちは先頭に立たなければなりません。もう躊躇する必要はありません。言い訳は無用です。誰かが動くのを待つ必要はもうありません。もはやそのような時間はありません。地球の気温上昇を 1.5℃に抑え、気候変動による最悪の事態を回避することはまだ可能です。しかし、それには劇的で即座の気候変動対策が不可欠です。一定の進捗は見られました。再生可能エネルギーの強力な展開です。海運などのセクターからはいくつかの前向きな施策が見られました。しかし、いずれも十分な進歩や速さではありません。気温上昇に対しては加速した行動が必要です。今後、いくつかの重要な機会があります。アフリカ気候サミットや、G20 サミット、国連による「気候野心サミット」、COP28 です。しかし指導者たちは、とりわけ世界の排出量の 80％に責任を負う G20 諸国は、気候変動対策と気候正義のために対策を強化しなければなりません。それはどういうことなのでしょうか。

まずは排出量削減です。G20 加盟国から新しい野心的な温室効果ガス削減目標が提出されることが必要です。そして、すべての国が気候連帯協定とアクセラレーション・アジェンダに沿って行動を起こす必要があります。先進国は 2040 年に、そして新興国は先進国からの支援を受けて 2050 年にできるだけ近い時期のネットゼロにコミットするよう、対策を加速していかなければなりません。そして、石油やガスの使用拡大、石炭、石油、ガスへの新たな資金提供やライセンス供与を止めるために、化石燃料から再生可能エネルギーへの公正かつ公平な移行の加速に向けて、すべての関係者が団結しなければなりません。

経済協力開発機構（OECD）諸国は2030年までに、その他の国々は2040年までに石炭から撤退するための信頼できる計画も提示しなければなりません。野心的な再生可能エネルギーの導入目標は、気温上昇を1.5℃に抑えるものでなければなりません。そして、地球上のすべての人に手ごろな価格の電力を提供するために、先進国は2035年までに、その他の国は2040年までに電力セクターのネットゼロを達成する必要があります。政府以外のリーダーたちによる行動も必要です。企業や自治体、地域、金融機関に対し、ハイレベル専門家グループが提示する国連のネットゼロ基準に完全に沿った信頼できる移行計画を持って気候野心サミットに参加するよう強く求めます。金融機関は化石燃料の融資、引受、投資をやめ、代わりに再生可能エネルギーに移行する必要があります。そして、化石燃料企業は、バリューチェーン全体にわたる詳細な移行計画を立てて、クリーンエネルギーへの移行を計画しなければなりません。グリーンウォッシングはもう必要ありません。これ以上の欺瞞はありません。そして、ネット・ゼロ・アライアンスを妨害するために独占禁止法を歪曲して悪用することは無用です。

第二に、適応です。異常気象はニューノーマルになりつつあります。すべての国は、その結果生じる灼熱や、致命的な洪水、嵐、干ばつ、猛火に対応し、これらから国民を守らなければなりません。最前線にいる国々はそのようにするために支援が必要です。これらの国々は、地球規模の危機に対しての責任が小さく、危機に対処するための資源もほとんどありません。気候変動という大虐殺から何百万もの命を救うために、適応への投資を世界的に急増させる時です。そのためには、脆弱な発展途上国の優先順位と計画について、前例のない調整が必要です。先進国は、気候変動対策の資金の少なくとも半分を適応に充てるための第一歩として、2025年までに適応資金を倍増させるための明確で信頼できるロードマップを提示する必要があります。私たちが昨年立ち上げた行動計画を実施することにより、2027年までに地球上のすべての人が早期警戒システムの対象となる必要があります。そして各国は、適応に関する国際的な行動と支援を動員するための一連の世界的な目標を検討すべきです。

このことは、行動を加速させる3番目の分野である、金融につながります。国際的な気候変動に関わる金融に関する約束は守られなければなりません。先進国は、気候変動対策支援のために途上国に年間1000億ドルを提供し、緑の気候基金を全額補充するという約束を遵守しなければなりません。私が懸念しているのは、これまでに拠出を約束したのがカナダとドイツというG7の2か国だけだということです。各国は今年のCOP28でもロス&ダメージのための基金を運用しなければなりません。もう遅延も言い訳もいりません。さらに広く言えば、多くの銀行、投資家、その他の金融関係者が汚染者たちに報酬を与え、地球破壊を奨励し続けています。加速する気候変動対策をサポートするために、世界の金融システムの軌道修正が必要です。これには炭素価格を設定し、世界銀行やアジア開発銀行などといった国際開発金融機関にビジネスモデルとリスクへのアプローチを徹底的に見直すよう促すことが含まれます。私たちは、国際開発金融機関がその資金を活用して、発展途上国にリーズナブルなコストでより多くの民間資金を動員し、再生可能エネルギー、適応、損失と損害への資金提供を拡大する必要があります。

これらすべての分野で、政府、市民社会、企業などが協力して成果を出す必要があります。9月の気候野心サミットで、アクセラレーション・アジェンダの先駆者や実行者をニューヨークに招待することを楽しみにしています。そして、私たちの目の前にある事実に対して指導者たちがどのような反応をするか、期待しています。人類が破壊的な気候変動を引き起こしたという証拠はいたるところにあります。このことは絶望を引き起こすのではなく、行動を引き起こすものでなければなりません。最悪の事態を防ぐことはまだ可能です。しかし、そのためには、灼熱の年から野心が燃える年に変える必要があります。そして気候変動対策を今すぐ加速させましょう」（下線は筆者）。

● IPCC 第6次報告は今後地球温暖化でどのような事態を予測しているのか

IPCC（気候変動に関する政府間パネル）は、2022年8月9日に、第5次報告書以降8年ぶりに第6次評価報告書と第1作業部会報告書の概要を公表し、世界に大きな衝撃を与えました。

報告書の第一のポイントは、地球温暖化の原因を人間の影響と断定したことです。報告書は、気候の現状について、「人間の影響が大気、海洋及び陸域を温暖化させてきたことには疑う余地がない」として、地球温暖化が人間の行為によってもたらせられたと科学的に断定し、地球温暖化の科学的原因論争に結論を下しました。新聞各紙も「人間の影響疑う余地ない」との大きな見出しを掲げました。そして「人為起源の気候変動は、世界中の全ての地域で、多くの気象及び気候の極端現象にすでに影響を及ぼしている」として、それは、「何世紀も何千年もの間、前例のなかったものである」と歴史的な気候変動であるとしています。

報告書の第二のポイントは、これまでの予想より10年早く、世界の気温上昇が2021年～2040年に1.5℃に達するとの予測を明らかにしたことです。2018年のIPCC特別報告書では、「2030年から2052年の間に1.5℃に達する可能性が高い」としていたのですが、今回の報告書で10年ほど早く1.5℃に到達するとしたのです。そして、「向こう数十年の間に二酸化炭素およびその他の温室効果ガスの排出が大幅に減少しない限り、21世紀中に、地球温暖化は1.5℃および2℃を超える」と警鐘を鳴らしたのです。

報告書の第三のポイントは報告書が新たに明らかにした地球温暖化の脅威の実態です。かいつまんで紹介します。

〈極端な気温について〉

「最も暑い日気温が最も上昇するのは一部の中緯度帯、半乾燥地域および南米モンスーン地域で、地球温暖化の約1.5～2倍の速度になる」「熱波と干ばつの同時発生、火災の発生しやすい気象条件（高温、乾燥、強風）、複合的な洪水（極端な降雨や河川氾濫と高潮の組み合わせ）」

〈極端な降水について〉

「温暖化した気候では、極端な雨期又は乾期、並びに気象の極端現象の深刻さが増大。世界規模では、地球温暖化が１℃進行するごとに極端な日降水量の強度が約７％上昇」

〈熱帯低気圧について〉

「非常に強い熱帯低気圧の発生割合と強度最大規模の熱帯低気圧のピーク時の風速は、地球規模では、地球温暖化の進行とともに上昇」

〈雪氷圏について〉

「北極圏では、2050年までに１回以上、９月に実質的に海氷のない状態となる。21世紀の間グリーンランド氷床の損失が継続」

〈海水面について〉

「1995年～2014年を基準とした2100年までの世界平均海面水位上昇量は、化石燃料依存型の発展のもとで気候政策を導入しない場合、0.63～1.01m」「海洋心部の温暖化と氷床の溶解が続くため、海面水位は数百年から数千年もの間上昇し続け、上昇した状態がさらに数千年にわたり継続」

〈将来の気候変動の抑制のため〉

そして、報告書は、将来の気候変動の抑制のために「人為的な地球温暖化を特定のレベルに制限するには、CO_2の累積排出量を制限し、少なくともCO_2正味ゼロ排出を達成し、他の温室効果ガスも大幅に削減する必要がある」と結論付けています。

3　先進国はどのように食料自給率を上げてきたのか、その教訓は

先進国の食料自給率の推移は図1の通り、日本の食料自給率よりはるかに高く、その率を引き上げたり、維持したりしています。アメリカ、カナダ、オーストラリアといった農産物輸出国は、広大な農地を保有し、巨大な農業生産力を持っています。当然食料自給率は、日本の食料自給率の3倍から6倍にもなりますが、それ以外の国、スイス、オランダ、イギリスの食料自給率が日本よりはるかに高いのはなぜなのでしょうか。そこには、日本が学ぶべき教訓があります。

日本と同じ山岳国であるスイスの食料自給率50%と日本より12ポイントも高くなっています。スイスの耕地面積の土地面積に占める比率は、10.09%（2016年）で日本の11.48%より少ないにもかかわらず、スイスの穀物自給率は45%で、日本の穀物自給率28%の1.6倍となっています。スイスは、日本より耕地面積の割合が少ないにもかかわらず、スイスアルプスの山岳酪農で有名ですが、草地放牧主体で酪農畜産を行っています。酪農が盛んなことから、動物性食品の食料自給率はほぼ100%付近で推移しています。飼料を輸入せず、飼料を草地として自国生産しているために、穀物自給率が高いのです。ほとんどの家畜飼料を米国からの輸入に依存している日本との差が出るのです。このスイスの山岳酪農を支え、食料自給率を引き上げることに絶大な貢献をしているのが、スイスの直接支払い制度です。スイスでは、農業の多面的機能の役割が国民から広く支持されてきたことを背景に、直接支払い中心の農業政策が推進されており、農業純所得に占める直接支払いの割合は90%以上に上るとされています。スイスでは、この直接支払いや食料主権がスイス憲法で規定されているだけに、直接支払い制度は揺るぎがありません。

国土面積が日本の9分の1であるオランダは食料自給率61%です。オ

ランダは、スイスと同じように草地酪農を展開するともに、施設園芸では世界的に効率的な生産を行っています。農用地の51%が乳牛用の牧草地となっています。その他の作物生産に適さないビート土壌を利用して、高収量の牧草を生産して酪農を営んでいます。そのため、食料自給率が高くなっているのです。また、トマトの生産でも、日本の反収の3倍で日本の6分の1の面積で日本と同じトマト生産を行い、世界のトマト輸出の2割を占めるトマト輸出大国です。

日本と同じ島国であるイギリスの食料自給率は70%です。イギリスの食料自給率引き上げの事例は、極めて象徴的です。イギリスは、第二次世界大戦前は、食料自給率は現在の日本とほぼ同じ40%でした。大英帝国として広大な植民地を保持し、植民地からの食料輸入に依存していたのです。小麦については、イギリス国内で生産したのは17%で、自治領や植民地から39.3%を輸入し、残りを他の外国から輸入していました。チーズも国内生産は19.5%で、自治領や植民地から65.4%を輸入していました。しかし、第一次及び第二次世界大戦で食料輸送船がことごとくドイツのUボートで撃沈され、飢餓の危険に直面し、食料自給率引き上げが緊急課題となったのです。そして、第二次世界大戦終了直後の47年に農業法を制定しました。この法律は二つの大戦時の経験を活かし、国内で生産することが望ましい国民の食料と農産物を生産することなどを明記したものでした。

これに至るには、イギリスの財界の支持が大きな役割を果たしました。マンチェスター市の商業会議所が政府の農業支持に賛成する決議を行い、イギリス商業会議所も同様な決議をしました。さらに自由貿易主義の経済誌「The Economist」も国家が農業に支持を与えることを認めました。このような財界を含めた支持の背景を受けて、イギリスは食料自給率を現在の70%まで引き上げたのです。このように食料自給率を上げるためには、財界までの支持が不可欠とも言えます。このような先進国の食料自給率引き上げの経験こそ日本が学ぶべきものです。

４　国民の期待に応えられるのか——食料・農業・農村基本法「改正」

2024年の通常国会で、農業の憲法とも言える食料・農業・農村基本法の「改正」問題が審議されます。この「改正」に向けて政府は、2022年10月から食料・農業・農村政策審議会 基本法検証部会を17回開催し、2023年５月に中間取りまとめを公表し、2023年９月に「最終取りまとめ」を公表しました。

「中間取りまとめ」と「最終取りまとめ」は内容上は変更はなく内容は同一のものでした。検証部会の作業はかなり網羅的で食料自給率が先進国最低で農地も大幅に減少し、農業者も激減高齢化しているなかで、当初は、食料自給率向上の抜本的な提起がなされるものと期待されました。しかし、「中間取りまとめ」は、その期待を見事に裏切るものでした。東京大学教授・鈴木宣弘氏も次のように述べています。

「現行基本法はGATTウルグアイラウンド合意を『過剰優等生』的に受け入れ、『市場原理主義』に立脚して価格政策（政府買い入れ）などを廃止し、輸入を増やし、国内農業を弱体化していく流れを作りました。

しかし、中国の食料輸入の激増やウクライナ紛争により、食料やその生産資材の調達への不安は深刻の度合いを強めています。不測の事態に命を守る食料安全保障のコストを勘案しない『自由貿易論』の破綻も明白に露呈しました。

そこで、現行基本法の見直しを今やるということは、世界的な食料需給情勢の悪化を踏まえ、『市場原理主義』の限界を認識し、肥料、飼料、燃料などの暴騰にもかかわらず農産物の販売価格は上がらず、農家は赤字にあえぎ、廃業が激増しているなかで、不測の事態にも国民の命を守れるように国内生産への支援を早急に強化し、食料自給率を高める抜本的な政策を打ち出すためだ、と誰もが（少なくとも筆者は）考えましたが違っていました。

何と、基本法の『中間とりまとめ』では食料自給率という言葉がなく、『基本計画』の項目で『指標の１つ』と位置付けを後退させ、食料自給率向上の抜本的な対策の強化などは言及されていません。これでは、何のための見直しなのかが問われます」

さらに、鈴木教授は、食料自給率問題について位置付けを格下げしたとして以下のように指摘します。

「戦後の米国の占領政策により米国の余剰農産物の処分場として食料自給率を下げていくことを宿命づけられた我が国は、これまでも『基本計画』に基づき自給率目標を５年ごとに定めても、一度もその実現のための行程表も予算も付いたことがありません。平成18年に農林水産省は、食生活を和食中心にすることで食料自給率は63％まで上げられるとの試算も示しており、今後の行程表づくりや予算確保の１つの指針となると思われましたが、そのレポートは今はネットなどで検索してもアクセスできなくなっています。今回の基本法の見直しでは、食料自給率の位置づけを、さらに『格下げ』し、自給率低下を容認することを、今まで以上に明確にしたとも言えます」

今回の「取りまとめ」では、「不測時における食料安全保障」という項目を特記しました。これについても鈴木教授は、以下のように痛烈に批判をしています。

「日本の食料自給率は、飼料のみならず、肥料や種などの生産資材の自給率の低さも考慮すると、38％どころか10％あるかないかで、海外からの物流が停止したら、世界で最も餓死者が出る国との試算も出されているほど、我が国の食料安全保障は脆弱なのです。野菜の自給率で考えると如実にわかります。野菜の自給率は80％と言いますが、その種は９割が海外の畑で種採りしてもらっていますから、それが止まれば自給率は80％から８％に下がります。それから、化学肥料はほとんど全てが輸入に頼っています。それが止まれば収量は半減しますから、野菜の自給率は、８％

の半分の4％という事態が起こりうるということです。今こそ、不測の事態に国民の命を守れるように、国内農業生産基盤を強化しないといけないはずですが、逆に、国内農業は生産コストが急騰しているのに農産物の販売価格が上がらず、酪農などを中心に農家の廃業が激増しています。それどころか、有事には、作目転換も含めて、農家に増産命令を発する法整備をする方向性が示されました。現状の農業の苦境を放置したら、日本農業の存続さえ危ぶまれているのに、どうして有事の強制的増産の話だけが先行するのでしょうか。さらには、防衛予算を大幅に増やして、敵基地攻撃能力を高めて攻めていくことも想定するかのような議論が先行し、水田のメタンや牛のゲップを地球温暖化の「主犯」に仕立て上げ、まっとうな農業の危機を放置したまま、だから昆虫食や培養肉や人工卵を推進する機運が醸成されつつあります。まともな食料生産を潰して、トマホークとコオロギで生き延びることができるのでしょうか」

5　直接支払いの本格的導入こそが日本農業を安定発展させる

3節で紹介したように先進国は、直接支払い制度の導入で食料自給率を引き上げてきました。直接支払い制度は、農業生産者の経営を安定させ、農業参入者を安定的に増やす役割を果たしているからです。

この問題について、鈴木宣弘東大教授は、早急に実現すべき政策として食料安全保障確立基礎支払いを導入すべきと次のように述べています。

「欧米諸国は農家の赤字（販売価格のコスト割れ）を政府が補填する直接支払いの仕組みを維持しています。『戸別所得補償制度』のような制度を、農家を助けるだけのイメージでなく、国民の命を守る『食料安全保障確立基礎支払い』として位置づけ、導入すべきです。

例えば、現在、我が国において、コメ1俵1.2万円と9千円との差額を主食米700万トンに補填するのに3500億円（10a当たり収量を10俵とすると3万円/10a)、全酪農家に生乳kg当たり10円補填する費用は750億円(1頭当たり乳量を1万kgとすると10万円/1頭)です。

そんな予算がつけられるわけがないと一蹴してくる財務省に言いたい。防衛費5年で43兆円にしてトマホークなどを買うくらいなら食料にもっと財政出動するのこそが安全保障ではないでしょうか。米国も、カナダも、EUも、設定された最低限の価格(『融資単価』、『支持価格』、『介入価格』)で政府が乳製品を買上げ、国内外の援助に回す仕組みを維持し、生乳需給の最終調整弁を政府の役割と位置付けています。

つまり、直接支払いの補助金と支持価格での政府買入れの二本立てです。しばしば、欧米は価格支持から直接支払いに転換したとされます(『価格支持→直接支払い』と表現される)が、実際には、『価格支持+直接支払い』の方が正確です。

つまり、価格支持政策と直接支払いとの併用によってそれぞれの利点を活用し、価格支持の水準を引き下げた分を、直接支払いに置き換えているのです。GATTウルグアイラウンド合意を受けた現行基本法の下、価格支持(政府買入れ)を廃止した『過剰優等生』は日本だけです。『価格支持+直接支払い』の欧米とは真逆に、日本は価格支持をほぼなくし、直接支払いも不十分、という『二重苦』にあります。

現在、フランスに倣い、コスト上昇を自動的に価格にスライドしていく価格転嫁制度の検討は基本法の目玉の一つのように議論されつつありますが、フランスでも実効性には疑問も呈されているし、小売主導の日本の流通システムでこれを確立するのは容易ではありません。しかも、消費者負担にも限界がありますから、それを埋めるのこそが政策の役割なのに、政策での財政出動はせずに、あくまで民間に委ねようとする姿勢です。

仮に、時間をかけて仕組みができたとしても、今倒産しつつある農家を救うのに間に合わないことを認識する必要があります。その前に、欧米の『価格支持+直接支払い』政策を早急に導入しないと現場の崩壊を食い止められないことを認識すべきです」

一方、昨年からの飼料価格の高騰で経営が困難になっている酪農家からも直接支払い制度の導入を真剣に求める声が出てきています。

紹介するのは、一般財団法人蔵王酪農センター理事長の富士重夫氏の主張で、この方は、JA全中の専務理事を歴任した方です。彼は、現在の酪農危機について次のように述べています。

「今の経営危機への対処の第一は緊急対策です。これだけ粗飼料の価格が上がって、補填がなく、乳価も牛乳需給の下でなかなか上げられない、そういうなかで、緊急的な対策を打たないといけないと思います。問題の一つは、補填の仕組みがない粗飼料の割合が高いということです。金額で言うと３分の２で実質負担が極めて高く、現状の補填による救済効果が極めて小さいと言えます。……乳価引き上げによる転嫁はすぐにはできず、そのタイムラグは長期に及びます。段階的な引上げが１年を過ぎて２年目に入っていますが、急激なコスト増に対して、生乳需給緩和の局面で、値上げの水準が不十分でかつ実施時期の遅れで、経営赤字の累積が長期にわたって続き、借金が増加し続けています」

そして次のように、直接支払いの導入を主張します。

「粗飼料自給率向上のために輸入粗飼料への補填はできないということであれば、コスト増大に見合う乳価水準が実現できるまで、緊急的に３～５年の時限措置として、都道府県ごとの酪農家の経営実態に即した直接支払いを実施するしかないのではないかと考えます」

現在の農政の中心にいた人物の直接支払い導入の提言は極めて重いものです。彼は、次のようにも述べています。

「直接支払いを導入するのには消費者の理解が必要です。あわせて、日本の酪農の飼料海外依存も変えていかなくてはなりません。そのための課題は、乳価は子牛価格や枝肉価格のように相場が変動する価格形成ではないということです。酪農は、将来の経営の見通しができることが大事です。……乳業が安定した価格を払って経営を維持できるようにするんだと言ってきたのですが、それではもたないようになってきました。粗飼料については補填されませんし、乳価もまだ10円しかあがっていません。そして、借金が増え続けます。そうすると、みんなやめてしまいます。それでもやめないのは、多額の借金をしているので、続けていかないと借金を返せないからです。酪農地帯で後継者がいる場合は本当に歯を食いしばって続けているわけです。今ここで救済の措置を取らないと大変なことになります」

このような有識者からの提言に対して、各政党はどのようにこの問題を捉えているのでしょうか。

〈立憲民主党〉

「農産物の価格形成を市場だけに委ねると、生産者の収入・所得は不安定化する可能性が高い。そのため歴史的には価格支持政策や生産調整が行われてきた。今後も価格形成を市場に委ねるのであれば、コストを賄う所得確保のための直接支払制度（農業者戸別所得補償等）の導入が必要である」(2023（令和５）年６月２日「食料・農業・農村基本法の見直しに関する提言」)。

〈国民民主党〉

「基本法見直しに当たっては、EUの取り組みも参考に、農地への面積支払いを基本とした『食料安全保障基礎支払』を導入すべきである」(2023(令和５) 年５月26日「食料・農業・農村基本法改正に当たっての提言」)。

〈公明党〉

「諸外国との生産条件の格差による不利を補う畑作物の直接支払交付金や、災害などによる減収に備えた収入保険などを着実に実施すべき」(2023年10月11日主張「農業基本法の見直し　食料の安定供給へ取り組みを強化」)。

〈日本共産党〉

「農業所得に占める政府補助の割合は、ドイツ77%、フランス64%ですが、日本は30%と半分以下でしかありません。その一方で農家には『外国産に対抗できる競争力強化』を迫り、終わりのない規模拡大・コストカットを強いてきました。価格保障、所得補償を抜本的に充実させます」(2023年9月28日「経済再生プラン」)。

このように、各政党ともニュアンスの違いはあるものの直接支払いに関してその導入については肯定的であるし、それを求めているとも言えます。それだけに食料・農業・農村基本法改正でそれをどのように実現させるのか各政党の手腕の見せ所と言えるでしょう。

６　私たちはこれからどう日本の農業と食料を確保するのか

私は、「食べもの通信」編集世話人をしていますが、この「食べもの通信」2022年７月号で家栄研編集委員会として、食料自給率を引き上げるために何をすべきかを提案させてもらいました。提案内容をより詳しく紹介していきます。

●主食をご飯にして食料自給率を上げよう

輸入小麦の大幅値上げのなかで、生活防衛のためにも、主食の中心にご飯を位置づけることが食料自給率を上げ、健康長寿にもなります。米の自給率はほぼ100%です。できるだけ３食、主食をご飯に位置づけることが大切です。さらに、主食をご飯にすると、組み合わされる料理に魚が多くなるなど、米とともに自給率の高い食材になることが分かっています。また、ご飯を中心とする日本型食生活は、健康長寿につながるものとして評価されています。例えば、日本動脈硬化学会は、「日本食」を動脈硬化予防のため効果的な食事として推奨しています。また、1975年頃の日本食が、内臓脂肪が減少し、エネルギー消費が亢進し、メリットが多いことや長期摂食させた試験でも、1975年日本食は、肥満抑制効果を有し、さらに、老化による脂質・糖質代謝調節機能の低下を防いで脂肪肝や糖尿病の発症リスクを低減することが明らかにされています。

また、国立長寿医療研究センターの研究調査では、認知症の有無と日本食スコアを比較すると認知症の人は日本食スコアが低い値であったことがわかっています。認知症予防のためにもご飯を主食とする日本食が有用なのです。

●米粉や国産小麦を利用して食料自給率アップに

米を粉に加工した「米粉」は、もち米を含め、昔からういろうやみたらし団子や大福餅や煎餅などの和菓子に使われてきました。この米粉に今注目が集まっています。家庭でも米粉は作れます。パンやめん、ケーキなどの材料にもなり、てんぷら粉やスープのとろみ付けなどにも使うことができます。グルテンを含まないので、小麦などが苦手な方でも食べることができます。また、国産小麦を使ったパンを意識してチョイスすることで食料自給率アップに貢献できます。米粉の生産量はまだ年間4万トン程度。これを輸入小麦の代替として使用が増えればより食料自給率への寄与する効果は大きいでしょう。また、現在109万トンまで生産量を増やしている国産小麦の利用を増やせば食料自給率向上へ直結することになります。

●食料自給率を引き上げるために取るべき対策として

これまで政府は、輸入自由化政策のもとで、食料の輸入依存を進める一方、国内農業の支援策を次々に後退させ、離農と農業者の高齢化を進めてきました。食料自給率の引き上げのためには、その転換が不可欠です。しかし、世界的な食糧危機のなかで、緊急的に取り組むべきことを例示します。

●耕作放棄地の活用

耕作放棄地を農地にして飼料とうもろこしや麦や大豆生産を日本にある42万7000haもの耕作放棄地を農地に戻し、農業生産を行うことが必要です。そのためには大変な経費と手間がかかりますが、国と都道府県が力を注ぐ必要があります。全国の耕作放棄地は東京都の面積の約2倍、現在の日本の小麦の生産面積が21万haです。耕作放棄地42万7000haすべてで小麦生産をすると206万トンの小麦が生産できます。小麦の輸入量531万トンを4割減することもできます。また、飼料用とうもろこし生産も有力です、小麦や大豆ほど手間がかからず、農業生産者にとっても優しい作物です。これの耕作放棄地での生産で確実に食料自給率が上がります。

●耕作放棄地での家畜の放牧で食料自給率を上げる

耕作放棄地は傾斜地や生産条件が悪いところもあります。そういったところで、家畜の放牧をすると飼料自給率が上がり、当然、食料自給率が上がります。

●二毛作で麦や大豆生産を拡大して

二毛作とは年の前半は米生産、後半に同じ農地で畑作をすることを言います。

1965年には120万ha、全水田の42％が二毛作（水田裏作）をしていましたが、現在では、全水田面積（208万ha）のうち現在、二毛作を実施しているのは6万5943haでわずか3.1％（2015年）に過ぎません。二毛作を復活させることで耕地利用率は格段に上がります。また、国産麦や国産大豆の生産拡大で確実に食料自給率が上がります。

●飼料米生産と畜産との連携を強めて飼料自給率を上げる

飼料用米生産は、米の作付け面積の8.2％を占めていますが、飼料米生産をしただけでは、飼料自給率は上がりません。生産された飼料米を家畜が餌として食べた時に飼料自給率が上がります。そのためには、飼料米生産農家と家畜生産者との連携が不可欠です。それを耕畜連携と言います。飼料米生産者と畜産農家が連絡をとりあい飼料米を畜産農家の家畜の餌として利用するものです。実際、個々の飼料米生産者が畜産農家と連絡を取り合うのは難しく、農家任せでは耕畜連携はなかなか広がりません。飼料米生産者と畜産農家を仲介する農協や自治体の役割が重要で、これによって耕畜連携は進展しています。特に耕畜連携が広がればそれは広域化することになり、広域化すればするほど、仲介事業は重要となります。

【巻末資料①　食料・農業・農村基本法】

○　農業基本法においては、他産業との生産性格差の是正のために農業の生産性を向上し、農業従事者が所得を増大して他産業従事者と均衡する生活を営むことを期し、もって農業の発展と農業従事者の地位を向上させるという理念を掲げてきたところ。

○　食料・農業・農村基本法においては、国民的視点に立った政策展開の観点から、①食料の安定供給の確保、②農業の有する多面的機能の発揮、③農業の持続的な発展と、④その基盤としての農村の振興、を理念として掲げる。

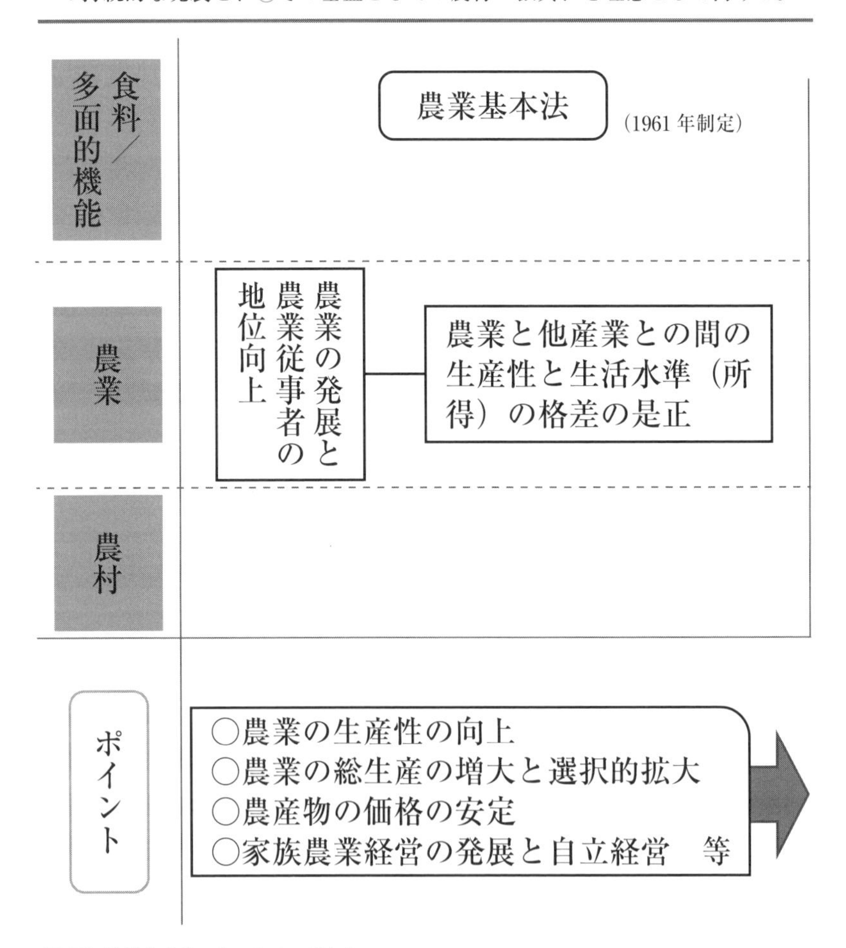

［出所］農林水産省のホームページより

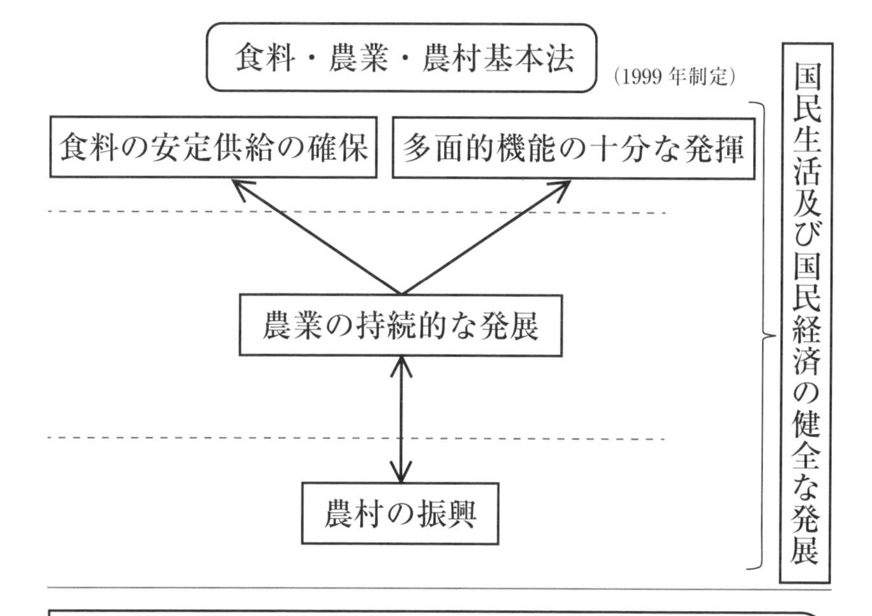

○基本計画の策定
（2020 年に現行計画策定〔食料自給率目標：45%〕）
○消費者重視の食料政策の展開
○効率的かつ安定的な農業経営による生産性の高い農業の展開
○市場評価を適切に反映した価格形成と経営安定対策
○自然循環機能の維持増進
○中山間地域等の生産条件の不利補正　等

【巻末資料②　戦後農政の大きな流れ】

○　農業基本法の下、農業の生産性の向上や生活水準の均衡など、一定の役割は果たしてきたものの、兼業化の進展、農業者の高齢化、国際化や需要の変化に伴う食料自給率の低下など、食料・農業・農村をめぐる状況が大きく変化。
○　これを踏まえ、①「農業」に加え「食料」「農村」という視点から施策を構築、②効率的、安定的経営体育成、③市場原理の一層の導入を基本的課題とする「新しい食料・農業・農村政策の方向」を1992年に取りまとめ。
○　1999年には、食料・農業・農村基本法に基づく農政を展開。

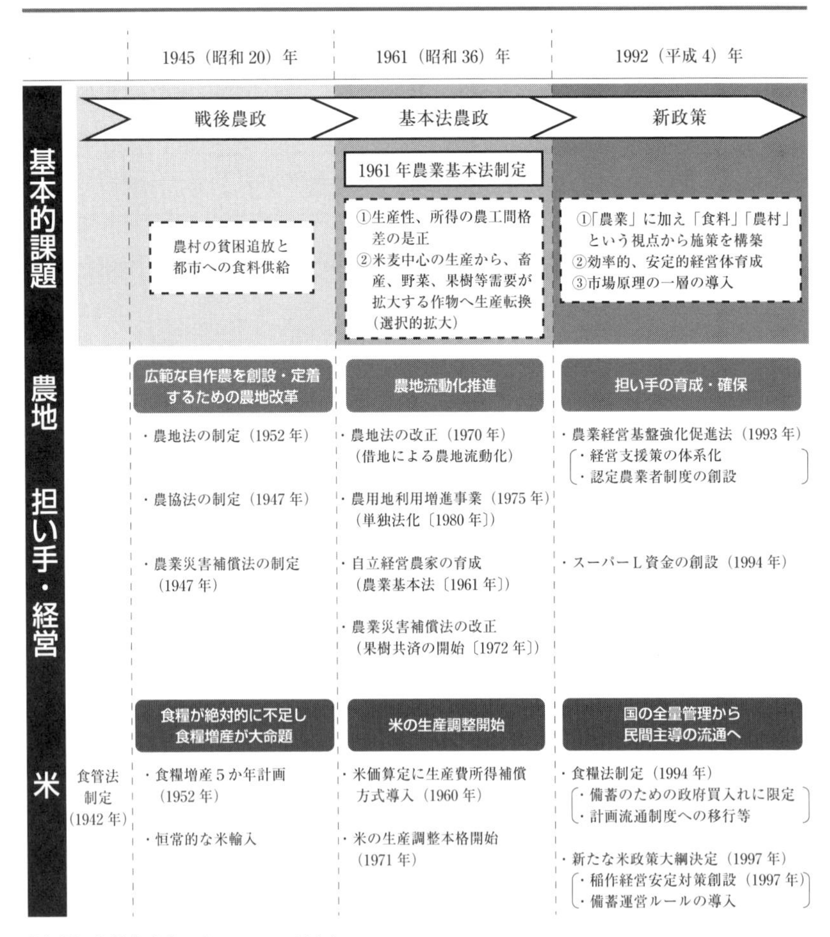

［出所］農林水産省のホームページより

1999（平成 11）年

新基本法農政

1999 年食料・農業・農村基本法制定

①食料の安定供給の確保
②多面的機能の十分な発揮
③農業の持続的な発展
④農村の振興
⇒食料自給率目標の導入

効率的・安定的農業経営が担う農業構造の確立

・農地法の改正（2009 年）	〔リース方式による一般企業参入の全面自由化〕
・農地中間管理機構関連 2 法の制定（2013 年）	〔農地中間管理機構を都道府県段階に創設〕
・農協法改正（2015 年）	〔地域農協が農業所得の向上に全力投球できる環境の整備〕
・中山間地域等直接支払制度（2000 年）	
・経営所得安定対策等大綱（2005 年）	（品目横断的経営安定対策（2007 年）と農地・水・環境保全向上対策（2007 年）が車の両輪）
・戸別所得補償制度（2010 ～ 2013 年） ※「経営所得安定対策」に名称変更（2013 年）	（販売農家を対象に、恒常的なコスト割れに着目した全国一律の交付単価での直接支払いを実施。米価下落時の補填）
・「制度設計の全体像」の決定（2013 年）	（経営所得安定対策の見直し、日本型直接支払（多面的機能支払）の創設、水田のフル活用及び米の生産調整の見直しを含む米政策の実施）

米政策改革

・米政策改革大綱決定（2003 年）	（生産数量目標の配分を需要実績に基づく数量配分とする（売れる米づくり）、地域の創意工夫による助成（産地づくり対策））
・食糧法改正（2005 年）	〔計画流通制度の廃止等〕
・米の需給調整の見直し（2010 年～）	〔米の直接支払交付金の交付対象を需給調整参加者とする〕
・「制度設計の全体像」の決定（再掲）	
・行政による生産数量目標の配分廃止（2018 年）	

あとがき

「本書を執筆している最中の3月11日、日本は、マグニチュード9.0の東日本大震災に襲われた。被災し、亡くなられた方々に心から哀悼の意を表するものである。また、巨大津波で東北の漁業基地は壊滅した。その被害状況はあまりに被害が甚大だったため、未だ農林水産省も詳細な被害状況を掌握できていない。そして、東北の太平洋沿岸の水田は、津波による冠水で水田機能を失った。さらに、東京電力福島第一原子力発電所の重大な放射能漏洩で、福島県や茨城県の農業は、大きな打撃を受けた。筆者も現在、農林水産業の被害対策とその復興に向けて、全力を挙げて、取り組んでいるが、被害の巨大さの中で、復興の道筋をつけることが、未だ出来ていない」

これは、宝島社から2011年5月に『TPPは国を滅ぼす』(宝島社新書)を出版した時の「あとがき」の一節です。

そして、今回、本書の準備を進めている真っ最中の2023年1月1日に3000年から4000年に一回とも言われるマグニチュード7.6、震度7の能登半島地震が石川県を中心に北陸地方を襲いました。4メートルにも及ぶ津波や地震による家屋やビルの倒壊。被害者は、死者213人、安否不明者37人(1月11日現在)にも及んでいます。亡くなられた方がたに心から哀悼の意を表するものです。また、主要国道の寸断で、救援活動も困難を極め、海岸線の4メートルに及ぶ隆起で能登半島の漁港が使用不能になっており、漁業者の生計に甚大な影響を与えています。また、水道が断水状態になっているなかで、乳牛への水の供給が困難になり酪農が危機的になっています。

また、農業従事者が避難生活に追い込まれているなかで、農業被害の実態調査もままならない状態と伝えられています。

石川県の農業は、JA グループ石川のホームページで、「石川県では、藩政期から作られている加賀野菜・能登野菜などの農産物をはじめ、豊富な魚介類、九谷焼・輪島塗に代表される伝統工芸、茶道や謡といった伝統文化など、有形無形の資源が融合した食文化が県民の暮らしに浸透し、その流れを今日の石川の食品産業が受け継いでいます」「石川県の農業はこうした風土で育まれてきました。手取川扇状地を中心とする県南部の加賀地域は、平坦部は稲作地帯で、農業法人や大規模経営農家が比較的多くなっています。なかでも、金沢市の海岸沿いの砂丘地帯では、スイカ・ダイコンなどの野菜生産が盛んで、山間部はナシ・リンゴなどの果樹生産が盛んです。ただ、農産物価格の低迷や資材価格の高騰を受けて、近年は農業経営が厳しい状況にあり、大規模化した経営の次世代継承も大きな課題となっています。一方、県北部の能登地域は、農林水産業と観光が主力産業であり、とりわけ農業の振興が当地域の浮沈の鍵を握っています。しかし、農業に目を向ければ、中山間地域が多いことから、ほ場条件が悪く、99% が家族経営で、経営耕地面積 1ha 未満が 60%、2ha 未満でいえば 83% と小規模農家の比率が極めて高いのが特徴です。農業者の減少や高齢化も深刻化し、せっかくの特色ある食材を地域の活性化に活かし切れていないという現実があります」とされています。

今回の震災で、その復旧は困難が予想されますが、日本農業の再興のなかで、石川県の農業が再興されることを心から願って、また、本書がその一助になることを願うものです。

最後に、本書の企画出版に道を開いていただいた学習の友社のみなさんに心から感謝申し上げます。

小倉　正行

【著者紹介】

小倉正行（おぐら・まさゆき）

1952年鎌倉生まれ。1976年京都大学法学部卒。

国会政策秘書を経て、現在『食べもの通信』編集顧問兼編集世話人。

〔おもな著作〕

『よくわかる食品衛生法・WTO協定・コーデックス食品規格一問一答』（合同出版、1995年）

『輸入大国日本変貌する食品検疫』（合同出版、1998年）

『食料輸入大国ニッポンの落とし穴』（新日本出版社、2003年）

『輸入食品の真実』（宝島社、2007年）

『TPPは国を滅ぼす』（宝島社新書、2011年）

『これでわかるTPP問題一問一答』（共著、合同出版、2011年）

『食の安全はこう守る』（新日本出版社、2011年）

『TPP参加「日本崩壊」のシナリオ』（宝島社文庫、2013年） ほか論文多数。

知っておきたい日本の農業・食料

――過去・現在・未来そして農業の基本方向の転換を――

2024年3月30日　初版
2024年5月30日　第2刷

定価はカバーに表示

小倉正行著

発行所　学習の友社

0034　東京都文京区湯島2－4－4

TEL03（5842）5641　FAX03（5842）5645

振替　00100－6－179157

印刷所　モリモト印刷

ＩＳＢＮ　978－4－7617－0748－4　C0036